"十二五"普通高等教育本科国家级规划教材

21 世纪高等学校计算机规划教材

21st Century University Planned Textbooks of Computer Science

U0647187

# 大学计算机基础实践教程

## Windows 10+Office 2016

### 微课版 | 第 4 版

# A Basic Practice Coursebook for College Computer Science (4th Edition)

甘勇 尚展垒 王伟 王爱菊◎编著

名家系列

人民邮电出版社

北 京

**图书在版编目（CIP）数据**

大学计算机基础实践教程：Windows 10+Office 2016：微课版 / 甘勇等编著. -- 4版. -- 北京：人民邮电出版社，2020.9
21世纪高等学校计算机规划教材
ISBN 978-7-115-54204-5

Ⅰ. ①大… Ⅱ. ①甘… Ⅲ. ①Windows操作系统－高等学校－教材②办公自动化－应用软件－高等学校－教材 Ⅳ. ①TP316.7②TP317.1

中国版本图书馆CIP数据核字(2020)第097877号

## 内 容 提 要

本书是根据教育部高等学校大学计算机课程教学指导委员会关于推进新时代高校计算机基础教学改革的有关精神，同时结合多所普通高校的实际教学情况编写的，是《大学计算机基础——Windows 10+Office 2016（微课版）（第 4 版）》的配套实践教程。本书是基于 Windows 10 和 Microsoft Office 2016 平台编写的，每一章的内容都是对配套教材实践内容的指导和强化，对于提高读者的操作能力具有很大的帮助。

本书可作为高等院校各专业"计算机基础"课程教育的实践指导教材，也可作为计算机技术培训用书和计算机爱好者自学用书。

◆ 编　　著　甘　勇　尚展垒　王　伟　王爱菊
　　责任编辑　张　斌
　　责任印制　王　郁　陈　犇

◆ 人民邮电出版社出版发行　　北京市丰台区成寿寺路 11 号
　　邮编　100164　电子邮件　315@ptpress.com.cn
　　网址　https://www.ptpress.com.cn
　　三河市君旺印务有限公司印刷

◆ 开本：787×1092　1/16
　　印张：11.25　　　　　　　　　2020 年 9 月第 4 版
　　字数：294 千字　　　　　　　2024 年 8 月河北第17次印刷

定价：39.80 元

读者服务热线：(010)81055256　印装质量热线：(010)81055316
反盗版热线：(010)81055315
广告经营许可证：京东市监广登字 20170147 号

# 前言 PREFACE

党的二十大报告指出，坚持以人民为中心发展教育，加快建设高质量教育体系，发展素质教育，促进教育公平。"大学计算机基础"是高等院校非计算机专业的重要基础课程。目前，国内虽然有很多相关的教材，但是各个省份对计算机教育的普及程度差异很大，导致学习这门课程的学生计算机水平参差不齐。为此，我们根据教育部高等学校大学计算机课程教学指导委员会关于推进新时代高校计算机基础教学改革的有关精神，联合有关高等院校，结合高校学生实际情况编写了本书。本书基于 Windows 10 操作系统和 Microsoft Office 2016 进行编写，内容丰富，知识覆盖面广。

本书是《大学计算机基础——Windows 10+Office 2016（微课版）（第 4 版）》的配套实践教材，强调实验操作的内容、方法和步骤。对本书的部分知识点，我们还录制了微课视频，这是在目前很多高校压缩学时的情况下，对教学的必要补充。学生可以根据各自的情况，通过扫描相应的二维码，利用碎片时间随时随地进行学习。每章的最后还设置了拓展训练，以满足学生进一步提高操作技能的需要。

本书兼顾计算机软件和硬件的最新发展，结构严谨，层次分明。全书实验内容教学需 16～24 学时（具体实验学时请参考实验指导中的"实验学时"），各高校可根据教学学时、学生的实际情况对实验内容进行选取。本书的部分章末附有扩展阅读资料。本书的相关资源可在人邮教育社区（www.ryjiaoyu.com）下载。

本书由甘勇、尚展垒、王伟、王爱菊等编写。郑州工程技术学院的甘勇、郑州轻工业大学的尚展垒任主编，郑州工程技术学院的王伟和王爱菊、安徽三联学院的王洪海、安徽粮食工程职业学院的李慧任副主编，其中甘勇编写第 1、8 章，尚展垒编写 2、7 章，王伟编写 3、4 章，王洪海编写第 5、9 章，王爱菊编写 6、11 章，李慧编写第 10、12 章。甘勇负责本书的统稿和组织工作。本书在编写过程中得到了郑州工程技术学院、郑州轻工业大学、安徽三联学院、安徽粮食工程职业学院、河南省高等学校计算机教育研究会、人民邮电出版社的大力支持和帮助，在此由衷地向他们表示感谢！

由于编者水平有限，书中难免存在不足及疏漏之处，敬请广大读者批评指正。

# 目 录 CONTENTS

**第1章 计算机与计算思维 ........ 1**

实验一 键盘及指法练习 ................. 1
　一、实验学时 ........................................ 1
　二、实验目的 ........................................ 1
　三、相关知识 ........................................ 1
　四、实验范例 ........................................ 4
　五、实验要求 ........................................ 5

实验二 计算机硬件系统与硬件连接 ......... 6
　一、实验学时 ........................................ 6
　二、实验目的 ........................................ 6
　三、相关知识 ........................................ 6
　四、实验要求 ...................................... 10

本章拓展训练 .......................................... 10

**第2章 操作系统基础 .......... 11**

实验一 Windows 10 的基本操作 ........ 11
　一、实验学时 ...................................... 11
　二、实验目的 ...................................... 11
　三、相关知识 ...................................... 11
　四、实验范例 ...................................... 13
　五、实验要求 ...................................... 18

实验二 Windows 10 的高级操作 ........ 24
　一、实验学时 ...................................... 24
　二、实验目的 ...................................... 24
　三、相关知识 ...................................... 25
　四、实验范例 ...................................... 26
　五、实验要求 ...................................... 27

本章拓展训练 .......................................... 32

**第3章 文字处理软件
　　　　Word 2016 ............ 33**

实验一 文档的创建与排版 ............. 33

　一、实验学时 ...................................... 33
　二、实验目的 ...................................... 33
　三、相关知识 ...................................... 33
　四、实验范例 ...................................... 35
　五、实验要求 ...................................... 37

实验二 表格的制作 ................. 39
　一、实验学时 ...................................... 39
　二、实验目的 ...................................... 39
　三、相关知识 ...................................... 39
　四、实验范例 ...................................... 40
　五、实验要求 ...................................... 42

实验三 图文混排 ................... 44
　一、实验学时 ...................................... 44
　二、实验目的 ...................................... 44
　三、相关知识 ...................................... 44
　四、实验范例 ...................................... 46
　五、实验要求 ...................................... 48

本章拓展训练 .......................................... 50

**第4章 电子表格软件
　　　　Excel 2016 ............ 51**

实验一 工作表的创建与格式编排 ........ 51
　一、实验学时 ...................................... 51
　二、实验目的 ...................................... 51
　三、相关知识 ...................................... 51
　四、实验范例 ...................................... 54
　五、实验要求 ...................................... 56

实验二 公式与函数的应用 ............. 57
　一、实验学时 ...................................... 57
　二、实验目的 ...................................... 57
　三、相关知识 ...................................... 57
　四、实验范例 ...................................... 58
　五、实验要求 ...................................... 59

实验三　数据分析与图表创建 ...............60
　　一、实验学时 .................................60
　　二、实验目的 .................................60
　　三、相关知识 .................................60
　　四、实验范例 .................................62
　　五、实验要求 .................................64
本章拓展训练 ...........................................65

## 第 5 章　演示文稿软件 PowerPoint 2016....66

实验一　演示文稿的创建与修饰 .............66
　　一、实验学时 .................................66
　　二、实验目的 .................................66
　　三、相关知识 .................................66
　　四、实验范例 .................................67
　　五、实验要求 .................................72
实验二　动画效果设置 .........................73
　　一、实验学时 .................................73
　　二、实验目的 .................................73
　　三、相关知识 .................................73
　　四、实验范例 .................................74
　　五、实验要求 .................................76
实验三　文件的保存与导出 ...................77
　　一、实验学时 .................................77
　　二、实验目的 .................................77
　　三、相关知识 .................................77
　　四、实验范例 .................................77
　　五、实验要求 .................................80
本章拓展训练 ...........................................80

## 第 6 章　多媒体技术及应用 ......81

实验一　Photoshop 的基本操作 ...........81
　　一、实验学时 .................................81
　　二、实验目的 .................................81
　　三、相关知识 .................................81
　　四、实验范例 .................................82
　　五、实验要求 .................................86
实验二　Photoshop 的高级操作 ...........86

　　一、实验学时 .................................86
　　二、实验目的 .................................86
　　三、相关知识 .................................86
　　四、实验范例 .................................86
　　五、实验要求 .................................91
本章拓展训练 ...........................................91

## 第 7 章　数据库基础 ..............92

实验一　数据库和表的创建 ...................92
　　一、实验学时 .................................92
　　二、实验目的 .................................92
　　三、相关知识 .................................92
　　四、实验范例 .................................94
　　五、实验要求 .................................97
实验二　数据表的查询 .........................97
　　一、实验学时 .................................97
　　二、实验目的 .................................98
　　三、相关知识 .................................98
　　四、实验范例 .................................98
　　五、实验要求 ...............................102
实验三　窗体与报表的操作 .................102
　　一、实验学时 ...............................102
　　二、实验目的 ...............................102
　　三、相关知识 ...............................102
　　四、实验范例 ...............................103
　　五、实验要求 ...............................109
本章拓展训练 .........................................109

## 第 8 章　计算机网络与 Internet 应用 ...................... 116

实验一　Internet 的接入与浏览器的 使用 ...............................116
　　一、实验学时 ...............................116
　　二、实验目的 ...............................116
　　三、实验要求 ...............................116
实验二　电子邮箱的收发与设置 ...........122
　　一、实验学时 ...............................122
　　二、实验目的 ...............................122

三、实验要求 ................122
本章拓展训练 ................126

## 第 9 章　信息安全与职业道德... 127

实验　安装并使用杀毒软件 ..................127
　一、实验学时 ................127
　二、实验目的 ................127
　三、相关知识 ................127
本章拓展训练 ................130

## 第 10 章　程序设计基础 .........131

实验一　Python 程序设计初步 ...........131
　一、实验学时 ................131
　二、实验目的 ................131
　三、相关知识 ................131
　四、实验范例 ................133
　五、实验要求 ................136

实验二　程序设计基础 ......................136
　一、实验学时 ................136
　二、实验目的 ................136
　三、相关知识 ................136
　四、实验范例 ................139
　五、实验要求 ................143
本章拓展训练 ................143

## 第 11 章　网页制作 ..............145

实验一　网站的创建与基本操作 ...........145
　一、实验学时 ................145
　二、实验目的 ................145
　三、相关知识 ................145

四、实验范例 ................145
五、实验要求 ................149

实验二　网页中表格和表单的制作 ........149
　一、实验学时 ................149
　二、实验目的 ................149
　三、相关知识 ................149
　四、实验范例 ................150
　五、实验要求 ................157
本章拓展训练 ................157

## 第 12 章　常用工具软件 .........158

实验一　视频编辑专家 ......................158
　一、实验学时 ................158
　二、实验目的 ................158
　三、相关知识 ................158
　四、实验范例 ................158
　五、实验要求 ................162

实验二　格式工厂的使用 ..................162
　一、实验学时 ................162
　二、实验目的 ................162
　三、相关知识 ................163
　四、实验范例 ................163
　五、实验要求 ................165

实验三　Adobe Acrobat DC .............166
　一、实验学时 ................166
　二、实验目的 ................166
　三、相关知识 ................167
　四、实验范例 ................167
　五、实验要求 ................170
本章拓展训练 ................170

# 01

# 第1章　计算机与计算思维

主教材的第 1 章首先讲述了计算机的发展、组成、功能、应用领域、计算思维等知识，然后讲述了二进制的概念，最后讲述了信息在计算机内部的表示方法。为了让读者能够掌握正确使用键盘的方法，并对计算机硬件有一个基本的了解，本章的实验主要讲述键盘及指法练习、计算机硬件基础知识与硬件连接的内容，以提高读者对计算机的基本认识。

## 实验一　键盘及指法练习

### 一、实验学时

2 学时。

### 二、实验目的

- 熟悉键盘的构成以及各键的功能。
- 了解键盘的键位分布并掌握正确的键盘指法。
- 掌握指法练习软件"金山打字通"的使用方法。

### 三、相关知识

#### 1. 键盘

键盘是用户向计算机输入数据和命令的工具。随着计算机技术的发展，输入设备越来越丰富，但键盘的主导地位却是替换不了的。正确地掌握键盘的用法，是学好计算机操作的第一步。计算机键盘通常分为 5 个区域，分别是主键盘区、功能键区、编辑键区、辅助键区（小键盘区）和状态指示灯区，如图 1.1 所示。

键盘键区介绍

（1）主键盘区

① 字母键：位于主键盘区的中心区域，按下字母键，屏幕上就会出现对应的字母。

② 数字键：位于主键盘区上面第二排，直接按下数字键，可以输入数字；按住<Shift>键的同时再按数字键，可以输入数字键中数字上方的符号。

③ <Tab>（制表键）：按此键一次，光标后移一固定的字符位置（通常为 8 个字符）。

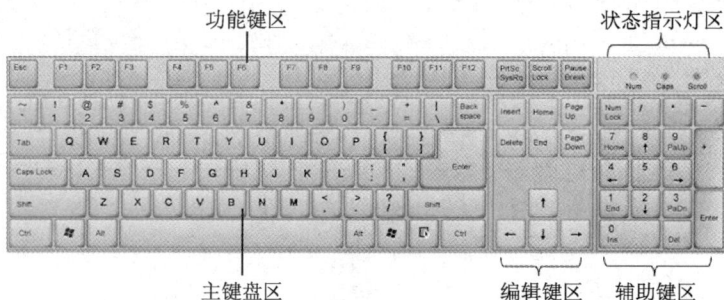

图 1.1　键盘示意图

④ <Caps Lock>（大小写转换键）：当输入字母为小写状态时，按一次此键，键盘右上方<Caps Lock>键指示灯亮，输入字母切换为大写状态；若再按一次此键，指示灯灭，输入字母切换为小写状态。

⑤ <Shift>（上挡键）：可与各种键配合使用。有的按键的键面有上下两个字符，称为双字符键。若单独按这些键，输入的是下挡字符；若先按住<Shift>键不放，再按双字符键，则输入的是上挡字符。

⑥ <Ctrl>、<Alt>（控制键）：与其他键配合实现特殊功能的控制键。

⑦ <Space>（空格键）：按此键一次产生一个空格。

⑧ <Backspace>（退格键）：按此键一次删除光标左侧一个字符，同时光标左移一个字符位置。

⑨ <Enter>（回车换行键）：按此键一次可使光标移到下一行。

（2）功能键区

① <F1>~<F12>（功能键）：位于键盘上方区域。软件通常将常用的操作命令定义在功能键上，不同的软件中功能键有不同的定义，如<F1>键通常定义为帮助功能。

② <Esc>（退出键）：按此键可放弃操作，如在汉字输入时按此键可取消没有输完的汉字。

③ <Print Screen>（打印键/拷屏键）：在 DOS 下，按此键可将屏幕内容传送到打印机输出；在 Windows 下，按此键可将整个屏幕复制到剪贴板。按<Alt+Print Screen>组合键可将当前活动窗口复制到剪贴板。

④ <Scroll Lock>（滚动锁定键）：在 DOS 下，阅读较长的文档时按此键可翻滚/锁定页面。

⑤ <Pause Break>（暂停键）：用于暂停执行程序或命令，按任意字符键后，再继续执行。

（3）编辑键区

① <Ins/Insert>（插入/覆盖转换键）：按此键，进行插入/覆盖转换状态，可在光标左侧插入字符或覆盖当前字符。

② <Del/Delete>（删除键）：按此键，可删除光标右侧字符。

③ <Home>（行首键）：按此键，光标移到行首。

④ <End>（行尾键）：按此键，光标移到行尾。

⑤ <PgUp/PageUp>（向上翻页键）：按此键，光标定位到上一页。

⑥ <PgDn/PageDown>（向下翻页键）：按此键，光标定位到下一页。

⑦ <←>、<→>、<↑>、<↓>（光标移动键）：按光标移动键可使光标向左、向右、向上、向下移动。

（4）辅助键区（小键盘区）

辅助键区的各键既可作为数字键，又可作为编辑键，两种状态的转换由该区域左上角数字锁定转换键\<Num Lock\>控制。当\<Num Lock\>指示灯亮时，该区处于数字键状态，可输入数字和运算符号；当\<Num Lock\>指示灯灭时，该区处于编辑状态，小键盘上下挡的光标定位键起作用，可进行光标移动、翻页、插入和删除等编辑操作。

（5）状态指示灯区

该区包括\<Num Lock\>指示灯、\<Caps Lock\>指示灯和\<Scroll Lock\>指示灯。根据相应指示灯的亮灭，可判断出数字小键盘状态、字母大小写状态和滚动锁定状态。

2. 键盘指法

（1）基准键与手指的对应关系

基准键与手指的对应关系如图 1.2 所示。

基准键位：字母键第二排的 8 个键\<A\>\<S\>\<D\>\<F\>\<J\>\<K\>\<L\>\<;\>为基准键位。

键盘指法介绍

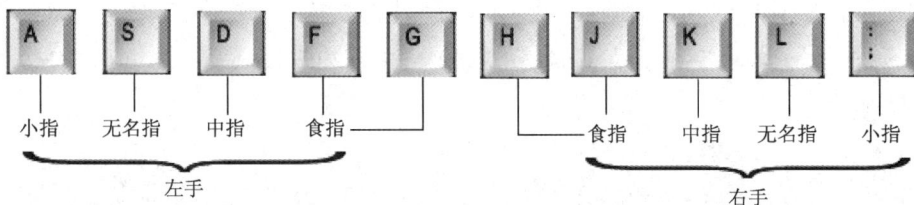

图 1.2　基准键与手指的对应关系

（2）键位的指法分区

在基准键的基础上，其他字母、数字和符号与 8 个基准键相对应，指法分区如图 1.3 所示。画线范围内的键位由规定的手指管理和击键，左右外侧的剩余键位分别由左右手的小拇指来管理和击键，空格键由大拇指负责。

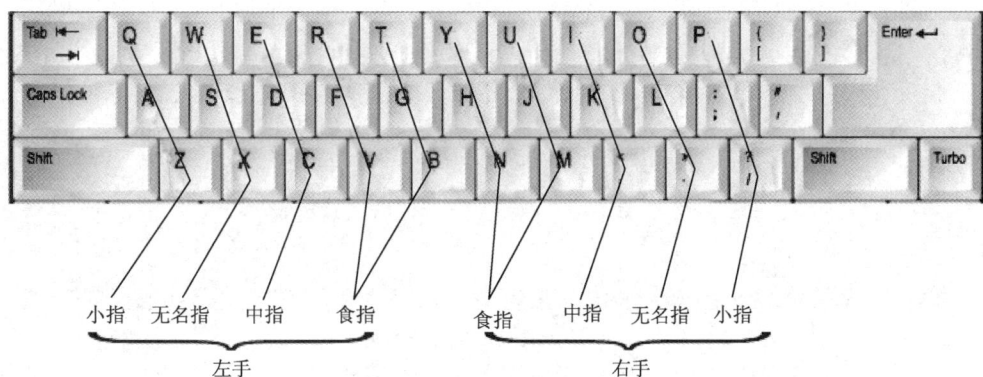

图 1.3　键位指法分区图

（3）击键方法

① 手腕平直，保持手臂静止，击键动作仅限于手指。

② 手指略微弯曲，微微拱起，以\<F\>与\<J\>键上的凸出横条为识别记号，左右手食指、中指、无名指、小指依次放于基准键位上，大拇指则轻放于空格键上。

③ 输入时，伸出手指轻击按键，之后迅速回归基准键位，并做好下次击键的准备。如需按空格键，可用大拇指向下轻击空格键；如需按回车键<Enter>，可用右手小指侧向右轻击回车键。

④ 输入时，目光应集中在稿件上，凭手指的触摸确定键位，初学者尤其不要养成用眼确定键位的习惯。

**3. 指法练习软件"金山打字通"**

打字练习软件的作用是通过在软件中设置的多种打字练习方式，使练习者由键位记忆到文章练习的同时掌握标准键位指法，提高打字速度。目前可用的打字软件有很多，下面仅以"金山打字通 2016"为例做简要介绍，说明打字软件的使用方法。若使用其他打字软件，可根据指导老师介绍使用。

## 四、实验范例

（1）打开"金山打字通 2016"软件，如图 1.4 所示。若是第一次使用，则需要先创建用户名（若想随时随地查看打字成绩，还需要与 QQ 账号绑定）；若已有用户名，则在登录时选择相应的用户名即可直接登录软件。

图 1.4　金山打字通登录界面

（2）单击"新手入门"选项，打开"打字常识"的窗口，会出现一个"认识键盘"的界面，单击"下一页"按钮，出现"打字姿势"界面，再单击"下一页"按钮，出现"基准键位"界面，如图 1.5 所示。在"新手入门"中，可以学习"打字常识""字母键位""数字键位""符号键位"和"键位纠错"等知识，它还提供了一些选择题让用户试做。

（3）练习"英文打字""拼音打字"和"五笔打字"。

（4）可以通过"打字测试""打字游戏"练习指法，也可以使用"在线学习"等功能。

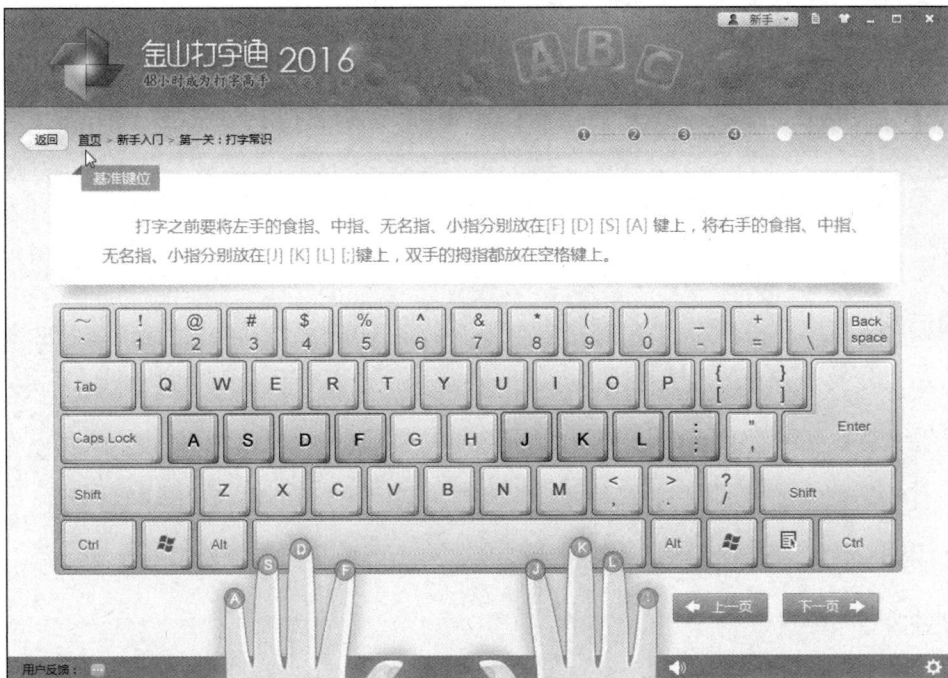

图 1.5　金山打字通指法练习界面

## 五、实验要求

使用"金山打字通 2016"软件练习英文和中文的输入，注意在提高输入正确率的同时还要兼顾速度，循序渐进地练习，直至熟练掌握盲打快速输入。

### 任务一　单词输入练习

操作步骤：启动"金山打字通 2016"软件，单击"英文打字"选项，进入"单词练习"窗口，单击"课程选择"按钮，选择相应课程，如 2000 个常用单词 1，也可以单击"限时"按钮，输入时间，然后按照程序要求进行单词输入练习。

### 任务二　语句输入练习

操作步骤：启动"金山打字通 2016"软件，单击"英文打字"选项，进入"语句练习"窗口，单击"课程选择"按钮，选择相应课程，如最常用的英语口语 1，也可以单击"限时"按钮，输入时间，然后按照程序要求进行语句输入练习。

### 任务三　文章输入练习

操作步骤：启动"金山打字通 2016"软件，单击"英文打字"选项，进入"文章练习"窗口，单击"课程选择"按钮，选择相应课程，如 Anne's best friend，也可以单击"限时"按钮，输入时间，然后按照程序要求进行文章输入练习。

### 任务四　中文词组输入练习

操作步骤：启动"金山打字通 2016"软件，单击"拼音打字"或"五笔打字"选项，进入"词组练习"窗口，单击"课程选择"按钮，选择相应课程，也可以单击"限时"按钮，输入时间，然后按照程序要求进行中文词组输入练习。

# 实验二　计算机硬件系统与硬件连接

## 一、实验学时

2 学时。

## 二、实验目的

* 认识微型计算机的基本硬件及其组成部件。
* 了解微型计算机系统各个硬件部件的基本功能。
* 熟悉微型计算机的硬件连接步骤及安装过程。

认识计算机的
硬件

## 三、相关知识

### 1. 硬件的基本配置

计算机的硬件系统由主机、显示器、键盘、鼠标等组成。具有多媒体功能的计算机还配有音箱、话筒等。除此之外，计算机还可外接打印机、扫描仪、数码相机等设备。

计算机最主要的部件位于主机箱中，如计算机的主板、电源、CPU、内存、硬盘、各种插卡（如显卡、声卡、网卡）等部件都安装在机箱中。机箱的前面板上有一些按钮和指示灯，有的机箱还有一些插接口；机箱的背面有一些插槽和接口。

### 2. 硬件连接步骤

首先安装电源，之后在主板的对应插槽里安装 CPU、内存条，然后把主板（见图 1.6）安装在主机箱内，再安装硬盘、光驱，接着安装显卡、声卡、网卡等，并连接机箱内的接线，如图 1.7 所示，最后连接外部设备，如显示器、鼠标和键盘等。

图 1.6　计算机主板

图 1.7　计算机主机箱内部

（1）安装电源

把电源（见图 1.8）放在机箱的电源固定架上，使电源上的螺丝孔和机箱上的螺丝孔对应，然后拧上螺丝。

（2）安装 CPU

将主板平置，可以看到主板上的 CPU 插槽是一个布满均匀小孔的方形插槽（见图 1.9），根据 CPU 的针脚和 CPU 插槽上插孔的位置对应关系确定 CPU 的安装方向。常见的 CPU 安装方法如下：看好 CPU 的正面和背面（见图 1.9 和图 1.10），拉起 CPU 插槽边上的拉杆，将 CPU 缺角位置对准 CPU 插槽相应位置，待 CPU 针脚完全放入后，按下拉杆至水平方向，锁紧 CPU。之后涂抹散热硅胶并安装散热器，将风扇电源线插头插到主板上的 CPU 风扇插座上，即完成 CPU 的安装。

图 1.8　电源

图 1.9　CPU 插槽

图 1.10　CPU 正面和背面

（3）安装内存

内存插槽是长条形的插槽。内存插槽中间有一个用于定位的凸起部分，按照内存插脚上的缺口位置将内存（见图 1.11）压入内存插槽，使插槽两端的卡子可完全卡住内存。

（4）安装主板

先将机箱自带的金属螺柱拧入主板支撑板的螺丝孔中，再将主板放入机箱，注意将主板上的固定孔对准拧入的螺柱，主板的接口区对准机箱背板的对应接口孔，最后边调整位置边依次拧紧螺丝固定主板。

（5）安装光驱、硬盘

拆下机箱前部与要安装光驱位置对应的挡板，将光驱（见图 1.12）从前面板平行推入机箱内部，然后调整位置，拧紧螺丝，把光驱固定在托架上。使用同样的方法从机箱内部将硬盘（见图 1.13）推入并固定于托架上。

（6）安装显卡、声卡和网卡等各种板卡

根据显卡（见图 1.14）、声卡（见图 1.15）和网卡（见图 1.16）等板卡的接口（如 PCI 接口、AGP 接口、PCI-E 接口等）确定不同板卡对应的插槽（如 PCI 插槽、AGP 插槽、PCI-E 插槽等），取下机箱后部与插槽对应的金属挡片，将相应板卡插脚对准对应插槽，板卡挡板对准机箱后的挡片孔，用力将板卡压入插槽，拧紧螺丝，将板卡固定在机箱上。目前，显卡、声卡、网卡等板卡集成在主板上较为常见。

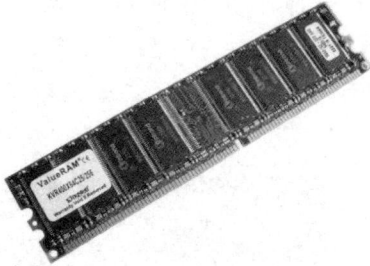

图 1.11　内存

图 1.12　光驱

图 1.13　硬盘

图 1.14　显卡

图 1.15　声卡

图 1.16　网卡

（7）连接机箱内部连线

① 连接主板电源线，把电源上的供电插头（20 芯或 24 芯）插入主板对应的电源插槽中。电源插头设计有一个防止插反和起固定作用的卡扣，连接时，注意保持卡扣和卡座在同一方向。为了给 CPU 提供更稳定的电压，主板会提供一个给 CPU 单独供电的接口（如 4 针、6 针或 8 针），连接时，把电源上的插头插入主板 CPU 附近对应的电源插座上。

② 连接主板上的数据线和电源线，包括硬盘数据线、光驱数据线和电源线。

硬盘数据线（见图 1.17）根据硬盘接口类型的不同，可分为 PATA 硬盘采用的 80 芯扁平 IDE 数据排线和 SATA 硬盘采用的七芯数据线。由于 80 芯数据线的接头中间设计了一个凸起部分，七芯数据线接头是 L 形防插反接头设计，因此我们可通过这些标记识别接头的插入方向。我们先将数据线上的一个插头插入主板上的 IDE 插座或 SATA 插座，再将数据线另一端的插头插入硬盘的数据接口中，插入方向由插头上的凸起部分或 L 形来确定。

光驱的数据线连接方法与硬盘的数据线连接方法相同，把数据线插到主板上的另一个 IDE 插座或 SATA 插座上即可。

把硬盘、光驱的电源线（见图 1.18）上的插头分别插到硬盘和光驱上。电源插头都是防插反设计的，只有采取正确的方向才能插入，因此不用担心插反。

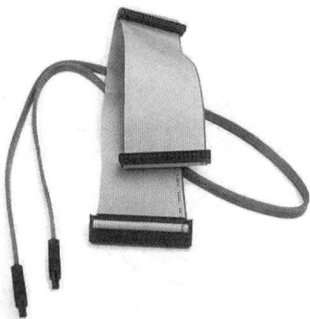

图 1.17　硬盘数据线

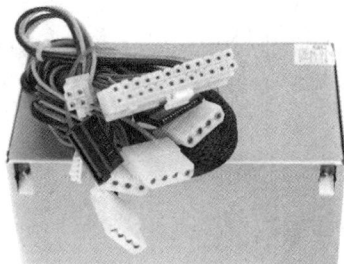

图 1.18　电源线

③ 连接主板信号线和控制线，包括 POWER SW（开机信号线）、POWER LED（电源指示灯线）、H.D.D LED（硬盘指示灯线）、RESET SW（复位信号线）、SPEAKER（前置报警喇叭线）等（见图 1.19）。把信号线插头分别插到主板上对应的插针上（一般在主板边沿处，并有相应标示），其中，开机信号线和复位信号线没有正负极之分；前置报警喇叭线是四针结构，红线为+5V供电线，与主板上的+5V 接口对应；硬盘指示灯线和电源指示灯线区分正负极，一般情况下，红色代表正极。

图 1.19　主板信号线和控制线

（8）连接外部设备

① 连接显示器。可先把连接显示器的视频信号线连接到主机背部面板（见图 1.20）的视频信号插座上（如果采用集成显卡主板，该插座位于 I/O 接口区；如果采用独立显卡，该插座则会在显卡挡板上），然后再连接显示器电源线。

图 1.20　主机背部面板

② 连接键盘和鼠标。鼠标、键盘的 PS/2 接口位于机箱背部 I/O 接口区。用户在连接时可根据插头、插槽颜色和图形标示进行区分，紫色为键盘接口，绿色为鼠标接口。对于 USB 接口的键盘和鼠标，插到任意一个 USB 接口上即可。

③ 连接音箱/耳机。独立声卡或集成声卡通常有 LINE IN（线路输入）、MIC IN（话筒输入）、SPEAKER OUT（扬声器输出）、LINE OUT（线路输出）等插孔。若外接有源音箱，可将其接到 LINE OUT 插孔，否则接到 SPEAKER OUT 插孔。耳机可接到 SPEAKER OUT 插孔或 LINE OUT 插孔。

以上步骤完成后，微型计算机系统的硬件部分就基本安装完毕了。

### 四、实验要求

观察计算机的硬件组成；熟悉主板各部件的名称和功能，了解主板上常用接口的功能、外观形状、颜色、插针数和防插反措施；熟悉常用外部设备的连接方法，注意区分不同设备的接口颜色和形状。

# 本章拓展训练

使用"记事本"软件完成一篇 200 字左右的校园简介，其内容应包括文字、数字、英文以及一些特殊的符号等。要求在录入文字的过程中注意手指指法的正确性、录入的速度及准确率等。

输入法的切换

# 第2章　操作系统基础

本章以 Windows 10 为操作平台，帮助用户学习 Windows 10 的基本操作、高级操作以及常用的软硬件设置。主要内容包括：任务栏和"开始"菜单的设置，窗口和文件（夹）的操作，输入法的使用，系统常用附件的使用，控制面板的使用，外观和个性化的设置，账户管理以及对磁盘的管理和维护等。通过本章的实验，读者能够全面了解 Windows 10 的基本功能并掌握其使用方法。

## 实验一　Windows 10 的基本操作

### 一、实验学时

2 学时。

### 二、实验目的

- 认识 Windows 10 桌面及其组成。
- 掌握鼠标的操作及具体使用方法。
- 熟练掌握任务栏和"开始"菜单的基本操作、Windows 10 窗口的操作、管理文件和文件夹的方法。
- 掌握库的使用方法。
- 掌握启动应用程序的常用方法。
- 掌握中文输入法以及系统日期/时间的设置方法。
- 掌握 Windows 10 中附件的使用方法。

### 三、相关知识

1. Windows 10 桌面

"桌面"就是用户启动计算机登录到操作系统后看到的整个屏幕界面，如图 2.1 所示，它是用户和计算机进行交流的窗口，可以放置常用的应用程序和文件夹图标。用户可以根据自己的需要在桌面上添加各种快捷图标，在使用时双击图标就能够快速启动相应的程序或文件。以 Windows 10 桌面为起点，用户可以有效地管理自己的计算机。

图 2.1　Windows 10 桌面

第一次启动 Windows 10 时，桌面上只有"回收站"图标，其他图标（"此电脑""网络""控制面板"等）可以通过设置添加到桌面上。桌面最下方的小长条是 Windows 10 系统的任务栏，如图 2.2 所示，它会显示系统正在运行的程序和当前时间等内容，用户也可以对它进行一系列的设置。"任务栏"的左端是"开始"按钮，紧挨着的是搜索框，中间是应用程序按钮分布区，右边是语言栏、工具栏、通知区域和时钟区等，最右端的小框为显示桌面按钮。

图 2.2　Windows 10 任务栏

单击任务栏中的"开始"按钮可以打开"开始"菜单，如图 2.3 所示。左侧是"电源""设置"和"用户"按钮，中间是常用项目和最新添加项目的显示区域，另外还会显示所有应用程序列表；右侧则是用来固定应用磁贴或图标的区域，方便用户快捷打开应用程序。

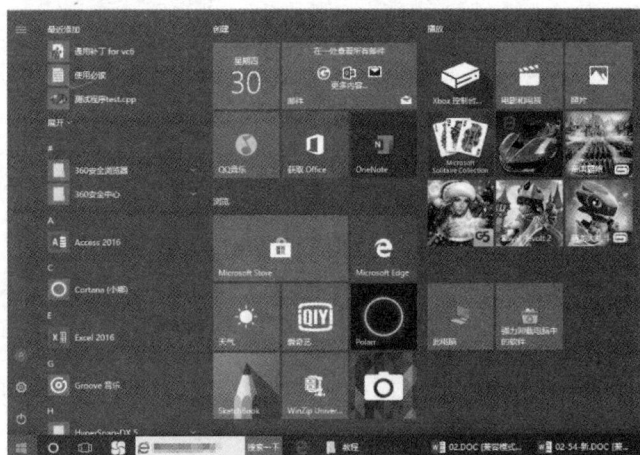

图 2.3　"开始"菜单示意图

应用程序按钮分布区显示了当前运行的程序和打开的窗口；语言栏便于用户快速选择各种语言输入法，可以最小化到任务栏中，也可以还原，独立于任务栏之外；工具栏显示了用户添加到任务栏上的工具，如地址、链接等。

## 2. 驱动器、文件和文件夹

驱动器是通过某个文件系统格式化并带有一个标识名的存储区域。存储区域可以是可移动磁盘、光盘、硬盘等，驱动器的名字是用单个英文字母表示的，当有多个硬盘或将一个硬盘划分成多个分区时，通常可按字母顺序依次将之标识为 C:、D:、E: 等。

文件是有名称的一组相关信息的集合，程序和数据都以文件的形式存放在计算机的硬盘中。每个文件都有一个文件名，文件名由主文件名和扩展名两部分组成，操作系统通过文件名对文件进行存取。文件夹是文件分类存储的"抽屉"，它可以分门别类地管理文件。文件夹在显示时，也用图标显示，不同内容的文件夹在显示时的图标是不太一样的。Windows 10 中的文件、文件夹的组织结构是树形结构，即一个文件夹中可以包含多个文件和文件夹，但一个文件或文件夹只能属于某一个文件夹。

## 3. 文件资源管理器

文件资源管理器是 Windows 系统提供的资源管理工具，用户可以通过它查看本台计算机的所有资源，特别是它提供的树形文件系统结构，能使用户更清楚、更直观地查看和使用文件及文件夹。打开文件资源管理器，默认会打开"此电脑"窗口，如图 2.4 所示，此窗口主要由菜单栏、地址栏、搜索栏、导航窗格、细节窗格和资源管理窗格等部分组成（其中的预览窗格默认不显示）。导航窗格能够辅助用户在磁盘、库中切换。预览窗格在默认情况下不显示，用户可以通过单击"查看"→"窗格"→"预览窗格"按钮来显示或隐藏预览窗格。资源管理窗格是用户进行操作的主要区域，在该区域用户可进行选择、打开、复制、移动、创建、删除、重命名等操作。同时，根据显示的内容，在资源管理窗格的上部会显示相关操作。

图 2.4 "此电脑"窗口

# 四、实验范例

## 1. 鼠标的基本操作

（1）指向

移动鼠标，将鼠标指针移动到某个操作对象上，此时该对象会添加一个临时的边框，这一操作将会激活对象或显示该对象的有关提示信息。

操作：将鼠标指针指向桌面上的"此电脑"图标，如图 2.5 所示。

（2）单击鼠标左键

快速按下并释放鼠标左键，用于选定操作对象，选定后的对象会突出显示。

操作：在"此电脑"图标上单击鼠标左键，选中"此电脑"，如图 2.6 所示。

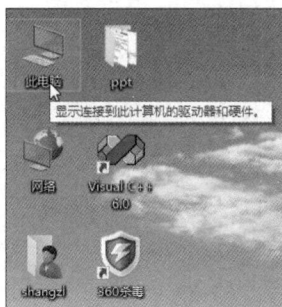

图 2.5　鼠标的指向操作　　　　　图 2.6　单击鼠标左键操作

（3）单击鼠标右键

快速按下并释放鼠标右键，用于打开相关的快捷菜单。

操作：在"此电脑"图标上单击鼠标右键，会弹出一个快捷菜单，如图 2.7 所示。

（4）双击

连续两次快速单击鼠标左键，用于打开窗口或启动应用程序。

操作：在"此电脑"图标上双击鼠标，观察操作系统的响应。

（5）拖曳

将鼠标指针指向操作对象后按住鼠标左键不放，然后移动鼠标指针到指定位置后释放按键。该操作常用于复制或移动操作对象等。

操作：把"此电脑"图标拖曳到桌面其他位置，操作过程中图标的变化如图 2.8 所示。

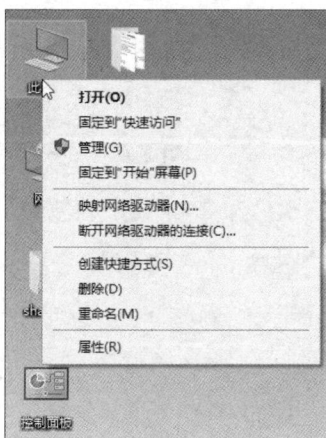

图 2.7　单击鼠标右键操作　　　　　图 2.8　鼠标的拖曳操作

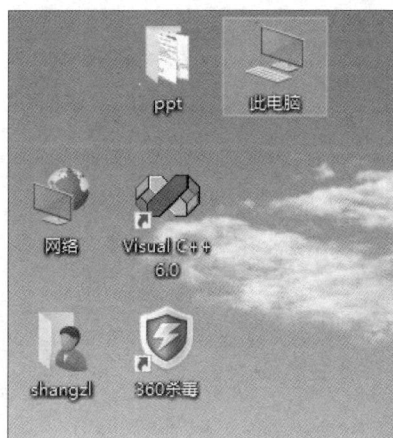

**2. 显示设置**

用鼠标右键单击桌面的空白处，在弹出的快捷菜单中选择"显示设置"打开相应的"显示"设置窗口，在此窗口中，可以设置"夜间模式"的"开"与"关""更

显示设置

改文本、应用等项目的大小""显示分辨率"及"显示方向"等。用户可以更改其中的设置并观察效果。

　　显示分辨率指的是显示器所能显示的像素多少，如 1920×1080 像素，数值越大，在一定范围内显示的信息就越多，但每个对象显示的尺寸就越小。

### 3. 执行应用程序的方法

　　方法一：对于 Windows 自带的应用程序，可通过在"开始"菜单的应用程序列表中选择相应的菜单项来执行。

　　方法二：在"此电脑"中找到要执行的应用程序文件，用鼠标双击（也可以选中之后按回车键；或用鼠标右键单击程序文件，然后选择"打开"命令）。

　　方法三：双击应用程序对应的快捷方式图标。

　　方法四：用鼠标右键单击"开始"按钮，选择"运行"菜单项，会打开"运行"对话框，在框中输入相应的命令后单击"确定"按钮。

执行应用程序
的方法

### 4. 启动资源管理器的方法

　　方法一：双击桌面上的"此电脑"图标。

　　方法二：按<Windows（键盘上有视窗图标的键）+E>组合键。

　　方法三：用鼠标右键单击"开始"按钮，选择"文件资源管理器"菜单项。

　　方法四：双击桌面上的"网络"图标。

启动资源管理
器的方法

　　如果桌面上没有"网络"图标，可以在桌面空白处单击鼠标右键，在弹出的快捷菜单中选择"个性化"菜单项，在之后显示的窗口左侧选择"主题"选项，然后在右侧选择"桌面图标设置"选项，此时会显示出"桌面图标设置"对话框，选中该对话框中的"网络"复选框后单击"确定"按钮即可将"网络"图标添加到桌面上。其他图标（如"此电脑"）也可通过类似的操作将其添加到桌面上。

### 5. 多个文件或文件夹的选取

　　（1）选择单个文件或文件夹

　　用鼠标单击相应的文件或文件夹图标。

　　（2）选择连续的多个文件或文件夹

　　用鼠标单击第 1 个要选定的文件或文件夹，然后按住<Shift>键的同时单击最后 1 个文件或文件夹，则它们之间的文件或文件夹就被选中了。

文件（夹）的
选择

　　（3）选择不连续的多个文件或文件夹

　　用鼠标单击第 1 个要选定的文件或文件夹，然后按住<Ctrl>键不放，同时用鼠标单击其他待选定的文件或文件夹。

　　（4）选择显示在一个矩形区域的文件

　　在窗口的空白处按住鼠标左键，然后拖动鼠标（可以看到一个矩形框），到适当位置松开鼠标左键，那么被框中的文件就被选中了。

　　（5）选择大部分文件

　　先用第（3）种方式选择不需要选中的文件，然后选择"主页"→"选择"→"反向选择"命令即可。

　　若想全部选中，可使用<Ctrl+A>组合键。若想全部取消选中，可在窗口的空白处单击鼠标。若想取消部分选中，可在按住<Ctrl>键的同时，再单击需要取消选中的文件。

6. Windows 窗口的基本操作

（1）窗口的最小化、最大化、关闭

打开"文件资源管理器"窗口，单击窗口右上角的"最小化"按钮 —，则"文件资源管理器"窗口最小化为任务栏上的一个图标。

打开"文件资源管理器"窗口，单击窗口右上角的"最大化"按钮 □，则"文件资源管理器"窗口最大化占满整个桌面，此时"最大化"按钮变为"还原"按钮 □。

打开"文件资源管理器"窗口，单击窗口右上角的"关闭"按钮 ×，则"文件资源管理器"窗口被关闭。

（2）排列与切换窗口

① 双击桌面上的"回收站"和"此电脑"图标，在桌面上同时打开这两个窗口。

② 用鼠标右键单击任务栏空白区域，打开任务栏快捷菜单。

③ 选择任务栏快捷菜单中的"层叠窗口"命令，可将所有打开的窗口层叠在一起，如图 2.9 所示。单击某个窗口的标题栏或其窗口的可见部分，可将该窗口显示在其他窗口之上。

图 2.9 层叠窗口

④ 单击任务栏快捷菜单中的"堆叠显示窗口"命令，可在屏幕上平铺所有打开的窗口，以便用户同时看到所有窗口中的内容，如图 2.10 所示。此时用户可以很方便地在两个窗口之间进行复制和移动文件的操作。

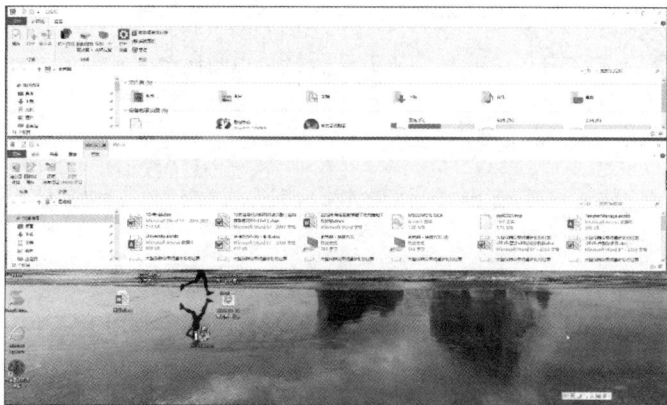

图 2.10 堆叠显示窗口

⑤ 单击任务栏快捷菜单中的"并排显示窗口"命令，可在屏幕上并排显示所有打开的窗口，如果打开的窗口多于两个，则窗口会以多排显示，如图 2.11 所示。

**图 2.11 多排显示窗口**

⑥ 切换窗口。最常用的方法是用鼠标单击窗口的可见部分，若连窗口都看不到，则可通过单击任务栏上此窗口对应的按钮。也可以在按住<Alt>键的同时再按<Tab>键，之后屏幕会弹出一个任务框，框中排列着当前打开的各窗口的图标，按住<Alt>键的同时每按一次<Tab>键，就会顺序选中一个窗口图标。选中所需窗口图标后，释放<Alt>键，相应的窗口即被激活为当前窗口。

**7. 库的使用**

库彻底改变了文件的管理方式，从死板的文件夹方式变得更为灵活和方便。库可以集中管理视频、文档、音乐、图片和其他文件。在某些方面，库类似传统的文件夹，但与文件夹不同的是，库可以收集存储任意位置的文件。

**库的操作**

（1）Windows 10 库的组成

Windows 10 系统默认包含视频、图片、文档、音乐、保存的图片和本机照片 6 个库，当然，用户也可以创建新库。要创建新库，先要打开"文件资源管理器"窗口，然后单击导航窗格中的"库"，选择"主页"选项卡→"新建"功能区→"新建项目"→"库"命令后直接输入库名称即可。

在 Windows 10 中默认隐藏的"库"，可通过"文件资源管理器"窗口的"查看"选项卡→"窗格"功能区→"导航窗格"→"显示库"命令，把它显示出来。

在"文件资源管理器"窗口中，选中一个库后单击鼠标右键，在弹出的快捷菜单中选择"属性"项，即可在之后显示的对话框的"库位置"区域看到当前所选择的库的默认路径。可以通过该对话框中的"添加"按钮添加新的文件夹到所选库中。

（2）Windows 10 库的添加、删除和重命名

① 添加指定内容到库中。要将某个文件夹的内容添加到指定库中，只需在目标文件夹上单击鼠标右键，在弹出的快捷菜单中选择"包含到库中"命令，之后根据需要在子菜单中选择一个库名即可。通过子菜单中的"创建新库"选项可以将所选文件夹内容添加至一个新建的库中，新库的名称与文件夹的名称相同。

② 删除或重命名库。要删除或重命名库只需在该库上单击鼠标右键，在弹出的快捷菜单中选择"删除"或"重命名"命令即可。删除库不会删除原始文件，只是删除了库链接而已。

### 五、实验要求

按照步骤完成实验，观察设置效果后，将各项设置恢复。

#### 任务一　Windows 10 的启动和关闭

1．启动 Windows 10

（1）打开外设电源开关，如显示器。

（2）打开主机电源开关。

（3）计算机开始进行自检，然后引导 Windows 10 操作系统，若设置了登录密码，则引导 Windows 10 后会出现一个登录验证界面，单击用户账号出现密码输入框，输入正确的密码后按回车键即可正常启动进入 Windows 10 系统；若没有设置登录密码，系统会自动进入 Windows 10。

提示：在系统启动的过程中，若计算机安装有管理软件（如机房管理软件），则还要输入相应的用户名和密码。

2．重新启动或关闭计算机

单击"开始"→"电源"按钮⏻，会出现"睡眠""关机"和"重启"等菜单项（若系统有更新，还会出现"更新并关机"和"更新并重启"），选择"关机"菜单项，就可以直接将计算机关闭。若选择了"更新并关机"菜单项，则系统在完成更新后会自动关机。

Windows 10 的关闭

用鼠标右键单击"开始"按钮，选择"关机或注销"会出现图 2.12 所示的菜单让用户进一步选择。

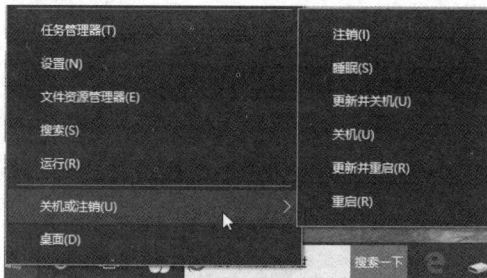

图 2.12　"关机或注销"的菜单项

（1）注销：用来注销当前用户的登录状态，以备下一个用户使用或防止数据被其他人操作。

（2）睡眠：当用户短时间内不用计算机但又不希望别人以自己的身份使用计算机时，可选择此命令。此时系统会保持当前的状态并进入低耗电状态。

（3）更新并关机：系统有更新，需要完成更新后再自动关机。

（4）关机：直接关闭计算机。关机之前，用户最好把打开的应用程序、窗口手动关闭。

（5）重启：当用户需要重新启动计算机时，应选择"重启"命令。系统将结束当前的所有会话，关闭 Windows，然后自动重新启动系统。

（6）更新并重启：系统有更新，需要完成更新后再自动重新启动系统。

#### 任务二　"开始"菜单和任务栏的设置

1．"开始"菜单的设置

按以下步骤对"开始"菜单进行设置。

"开始"菜单的设置

（1）单击"开始"→"设置"按钮⚙，会打开图 2.13 所示的"Windows 设置"窗口。

（2）单击"个性化"图标，打开个性化设置窗口（也可用鼠标右键单击桌面空白处，在弹出的快捷菜单中选择"个性化"命令），如图 2.14 所示，可在其中对背景、颜色、锁屏界面、主题、字体、开始和任务栏等进行设置。

图 2.13 "Windows 设置"窗口

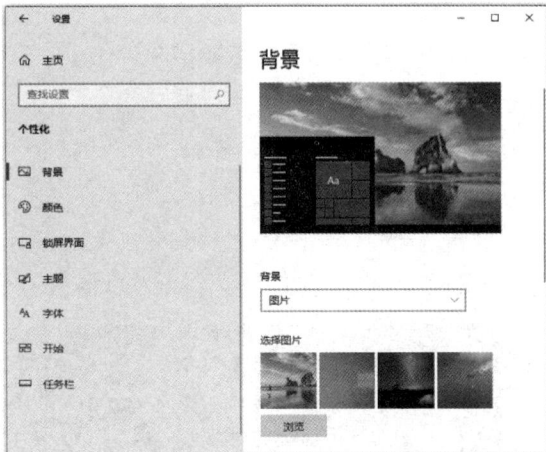

图 2.14 个性化设置窗口

（3）在左侧功能列表中选择"开始"选项，打开图 2.15 所示的"开始"设置窗口，在此窗口中，用户可对"开始"菜单上的内容进行设置。例如，把"在'开始'菜单中显示应用列表"设置为"关"，看一下效果，然后把此项设置为"开"，再看一下效果，与刚才的显示进行对比。同样，也可对其他设置项进行"开""关"设置操作。

（4）单击右侧最下面的"选择哪些文件夹显示在'开始'菜单上"，会打开图 2.16 所示的窗口，在该窗口中可对"开始"菜单中显示的文件夹进行设置，如文件资源管理器、设置、文档、下载、音乐等文件夹。用户也可对这些文件夹进行"开""关"设置操作并查看效果。

图 2.15 个性化的"开始"设置窗口

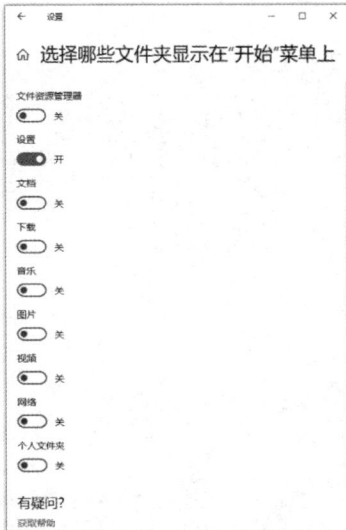

图 2.16 "选择哪些文件夹显示在
'开始'菜单上"对话框

### 2. 自定义任务栏中的工具栏

按以下步骤对工具栏进行设置。

（1）在任务栏空白处单击鼠标右键，将会弹出一个快捷菜单。

（2）把鼠标指针移到快捷菜单中的"工具栏"选项，此时会显示"工具栏"子菜单，如图 2.17 所示。

（3）选中"工具栏"子菜单中的"地址"项后，观察任务栏的变化。

### 3. 任务栏的设置

按以下步骤对任务栏进行设置。

（1）在任务栏空白处单击鼠标右键，在弹出的快捷菜单中选择"任务栏设置"命令，打开"任务栏"设置对话框，如图 2.18 所示。也可在图 2.15 所示窗口中，单击左侧的"任务栏"功能项来打开"任务栏"设置对话框。

任务栏的设置

图 2.17　用鼠标右键单击任务栏空白处的快捷菜单 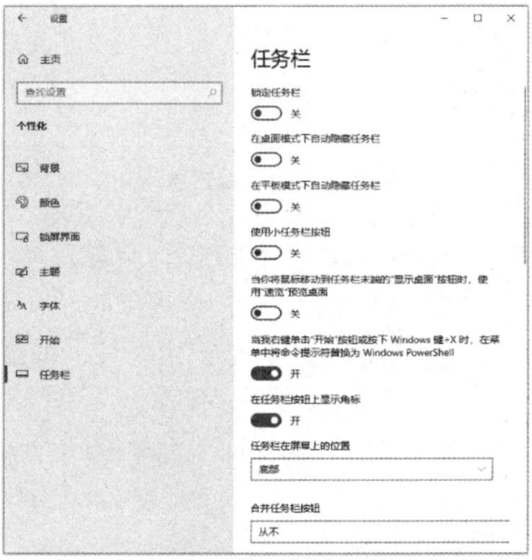　　　图 2.18　个性化的"任务栏"设置对话框

（2）在图 2.18 的右侧，可以对"锁定任务栏""在桌面模式下自动隐藏任务栏""使用小任务栏按钮"等选项进行"开""关"设置。

（3）单击"任务栏在屏幕上的位置"下面的选项，可设置任务栏为"底部""靠左""顶部"和"靠右"显示，也可使用鼠标直接拖动任务栏到以上位置。另外，拖动任务栏的内边框（鼠标指针指向任务栏的内边框时会变成一个双向的箭头↕）可以改变任务栏的高度（最高为屏幕的一半），但要注意前提是"锁定任务栏"处于"关"的状态，否则，无法拖动任务栏。

单击"合并任务栏按钮"下面的选项，对任务栏上的按钮进行"从不""始终隐藏标签"和"任务栏已满时"的设置。

（4）单击"选择哪些图标显示在任务栏上"选项，在新打开的窗口中对通知区域显示的图标进行设置。

（5）单击"打开或关闭系统图标"选项，在新打开的窗口中可对系统程序的图标是否显示在任务栏上进行设置，如时钟、音量等图标。

以上实验内容请读者自己上机逐步操作、观察结果并加以体会。

### 任务三　文件和文件夹的管理

#### 1. 改变文件和文件夹的显示方式

"文件资源管理器"窗口的资源管理窗格中显示了当前选定项目的文件和文件夹的列表，我们也可改变它们的显示方式。按以下步骤即可对文件和文件夹的显示方式进行设置。

（1）在"文件资源管理器"窗口中，选择"查看"选项卡中的"布局"功能区，依次选择"超大图标""大图标""中图标""小图标""列表""详细信息""平铺""内容"等项，观察资源管理窗格中文件和文件夹显示方式的变化。

（2）选择"查看"选项卡→"当前视图"功能区→"分组依据"命令，通过下拉菜单项可以对资源管理窗格中的文件和文件夹进行分组，如图 2.19 所示。依次选择该菜单中的选项，观察资源管理窗格中文件和文件夹显示方式的变化。

（3）选择"查看"选项卡→"当前视图"功能区→"排序方式"命令，通过下拉菜单项可以对资源管理窗格中的文件和文件夹进行排序显示，如图 2.20 所示。依次选择该菜单中的选项，观察资源管理窗格中文件和文件夹显示方式的变化。

（4）通过"查看"选项卡中的"显示/隐藏"功能区，可实现对文件的扩展名、文件图标等的显示与隐藏，单击"选项"功能，打开"文件夹选项"对话框。改变"浏览文件夹"和"按如下方式单击项目"中的选项，单击"确定"按钮，之后试着打开不同的文件夹和文件，观察显示方式及打开方式的变化。

（5）在"文件夹选项"对话框中选择"查看"选项卡，如图 2.21 所示，选中"隐藏已知文件类型的扩展名"复选框，单击"确定"按钮，观察文件显示方式的变化。试着更改其他选项，如选中列表最上面的"显示库"选项，再观察"文件资源管理器"窗口的"导航窗格"中的"库"是否显示。

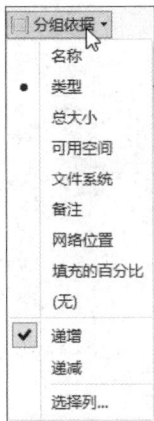

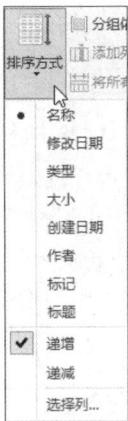

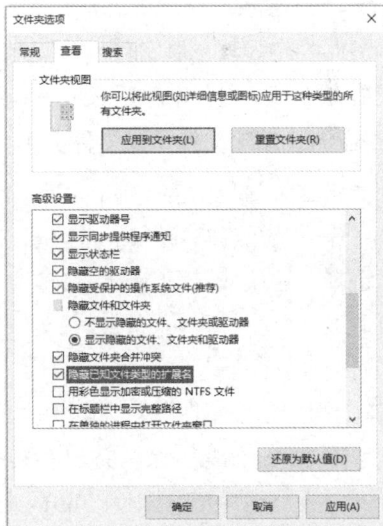

图 2.19　"分组依据"子菜单　　图 2.20　"排序方式"子菜单　　　　图 2.21　"查看"选项卡

#### 2. 创建文件夹

在 D 盘创建新文件夹以及为文件夹创建新文件的步骤如下。

（1）打开"文件资源管理器"窗口。

（2）选择创建新文件夹的位置。在导航窗格中单击 D 盘图标，资源管理窗格中显示 D 盘根目录下的所有文件和文件夹。

（3）创建新文件夹有以下几种方法。

方法一：在资源管理窗格的空白处单击鼠标右键，在弹出的快捷菜单中选择"新建"→"文件夹"命令，然后输入文件夹名称"My Folder1"，按回车键完成。

方法二：选择"主页"选项卡→"新建"→"新建文件夹"命令，然后输入文件夹名称"My Folder1"，按回车键完成。

（4）双击新建好的"My Folder1"文件夹，打开该文件夹窗口，在资源管理窗格的空白处单击鼠标右键，在弹出的快捷菜单中选择"新建"→"文本文档"命令，然后输入文件名称"My File1"，并按回车键。

（5）使用同样的方法在 D 盘根目录下创建"My Folder2"文件夹，并在"My Folder2"文件夹下创建文本文件"My File2"。

3. 复制、移动文件（或文件夹）

按以下步骤练习文件的复制、粘贴操作等。

（1）打开"文件资源管理器"窗口。

（2）找到并进入"My Folder2"文件夹，选中"My File2"文件。

（3）选择"主页"选项卡→"剪贴板"→"复制"命令（或按<Ctrl+C>组合键，或单击鼠标右键在快捷菜单中选择"复制"命令），此时，"My File2"文件被复制到剪贴板。

（4）进入"My Folder1"文件夹。

（5）选择"主页"选项卡→"剪贴板"→"粘贴"命令（或按<Ctrl+V>组合键，或单击鼠标右键在弹出的快捷菜单中选择"粘贴"命令）。此时，"My File2"文件被复制到目的文件夹"My Folder1"。

移动文件的步骤与复制文件的步骤基本相同，只需将第（3）步中的"复制"命令改为"剪切"命令（或将<Ctrl+C>组合键改为<Ctrl+X>组合键）。

4. 重命名、删除文件（或文件夹）

按以下步骤练习文件的重命名和删除操作。

（1）打开"文件资源管理器"窗口，找到并进入"My Folder1"文件夹，选中"My File2"文件。

（2）选择"主页"选项卡→"组织"→"重命名"命令（或单击鼠标右键在弹出的快捷菜单中选择"重命名"命令，也可直接按<F2>键），输入"My File3"后按回车键结束。

（3）选择"主页"选项卡→"组织"→"删除"→"回收"命令（或直接在键盘上按<Del/Delete>键），在弹出的"删除文件"对话框中，单击"是"按钮即可删除所选文件。

注：这种文件的删除方法只是把要删除的文件转移到了"回收站"，如果需要彻底地删除该文件，可在执行"删除"操作的同时按<Shift>键，或者选择"组织"→"删除"→"永久删除"命令。

（4）双击桌面上的"回收站"图标，在"回收站"窗口中选中刚才被删除的文件，单击工具栏中的"还原选定的项目"按钮，该文件即可被还原到原来的位置。

（5）在"回收站"窗口中选择工具栏中的"清空回收站"按钮，对话框确认删除后，回收站中所有的文件均会被彻底删除，无法再还原。

需要注意的是，文件夹的操作与文件的操作基本相同，只是在复制、移动、删除的过程中，文件夹中所包含的所有文件及子文件夹都会被进行相同的操作。

### 任务四　Windows 10 中画图程序的使用

选择"开始"→"Windows 附件"→"画图"命令，即会运行画图程序，如图 2.22 所示。标题栏下方是功能选项卡和画图工具的功能区，这也是画图工具的主体，它是用来控制画图工具的功能的。

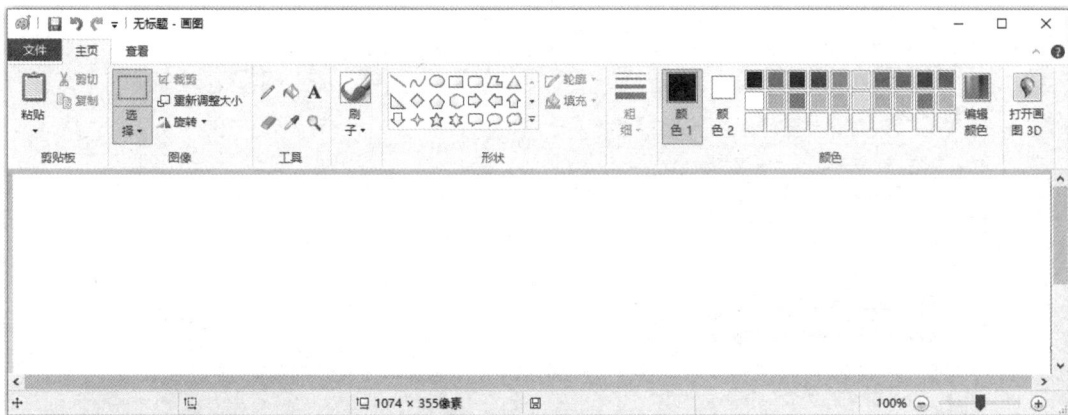

图 2.22　"画图"窗口

"画图"窗口的菜单栏中有 3 个菜单项：文件、主页和查看。

（1）通过"文件"菜单项，可以进行文件的新建、保存、打开、打印等操作。

（2）当选择"主页"菜单项时，会出现相应的功能区，其中包含剪贴板、图像、工具、形状、粗细和颜色功能模块，提供给用户对图片进行编辑和绘制的功能。在最右边有一个"打开画图 3D"功能，这是 Windows 10 加入的新功能，单击它即可打开画图 3D 功能界面。在这个界面中，用户可以绘制 2D、3D 形状，还可以加入背景贴纸、文本，轻松更改颜色和纹理，添加不干胶标签，或者将 2D 图片转换为 3D 场景。另外，通过画图 3D 还可以将创作的 3D 作品混合现实，通过混合现实查看器查看用户的 3D 作品，会更加真实和直观。

（3）"查看"菜单项的功能是改变显示的比例，设置是否有状态栏、是否全屏显示等。

### 任务五　输入法的添加和删除

在添加某种输入法之前，要先确认这种输入法在系统中已安装并且没有添加到系统中。对于没有安装的输入法，则需要使用相应的输入法安装软件进行安装。按以下步骤操作，为系统添加"微软拼音"输入法并删除一种已安装的输入法。

（1）用鼠标右键单击任务栏上的语言栏，弹出的快捷菜单如图 2.23 所示。

（2）选择"设置"命令，出现"语言"对话框，然后单击右侧的"中文（中华人民共和国）"，再单击其对应的"选项"按钮，打开图 2.24 所示的"语言选项：中文（简体，中国）"窗口。

（3）单击"添加键盘"按钮，在弹出的输入法列表中选择"微软拼音"输入法。

（4）单击任务栏中的语言栏图标，可看到新添加的"微软拼音"输入法。

（5）再次打开图 2.24 所示的窗口，选择一种已安装的输入法，其下面会出现"删除"按钮，单击"删除"按钮即可将该输入法删除。

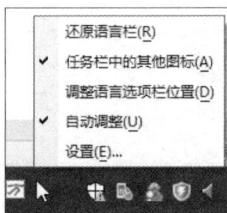

图 2.23　语言栏右键快捷菜单

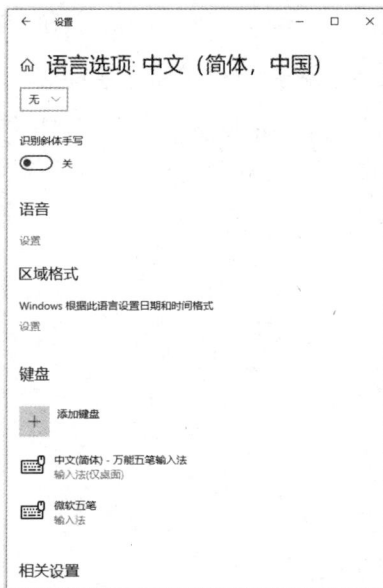

图 2.24　"语言选项：中文（简体，中国）"窗口

### 任务六　更改系统日期、时间及时区

按以下步骤操作，将系统日期设为"2020 年 6 月 30 日"，系统时间设为"10:20"，时区设为"吉隆坡，新加坡"。

（1）用鼠标右键单击任务栏最右侧的时间图标，在弹出的快捷菜单中选择"调整日期/时间"命令，弹出"日期和时间"对话框。

（2）单击"手动设置日期和时间"下面的"更改"按钮（若"更改"按钮不可用，则需要把"自动设置时间"的状态设置为"关"），弹出"更改日期和时间"对话框，依次更改年份为"2020 年"，月份为"6 月"，日期为"30 日"，时间的小时为"10"、分钟为"20"，单击"更改"按钮关闭对话框。

（3）观察任务栏右侧的显示时间，可发现时间已经发生了改变。

（4）再次打开"日期和时间"对话框，单击"时区"下面的时区列表（若时区列表不可用，则需要把"自动设置时区"的状态设置为"关"），从弹出的列表中选择"（UTC+08:00）吉隆坡，新加坡"即可。

# 实验二　Windows 10 的高级操作

## 一、实验学时

2 学时。

## 二、实验目的

- 掌握控制面板的使用方法。
- 掌握 Windows 10 中外观和个性化设置的基本方法。
- 掌握用户账户管理的基本方法。

- 掌握打印机的安装及设置方法。
- 掌握 Windows 10 中通过磁盘清理和碎片整理来优化及维护系统的方法。

## 三、相关知识

### 1. 控制面板

控制面板（Control Panel）集中了用来配置系统的全部应用程序，它允许用户查看并进行计算机系统软、硬件的设置和控制，因此，对系统环境进行调整和设置时，一般都要通过控制面板进行。如添加硬件、添加/删除软件、控制用户账户、外观和个性化设置等。Windows 10 提供了类别视图和图标视图两种控制面板界面，其中，类别视图允许打开父项并对各个子项进行设置，图标视图有两种显示方式——大图标和小图标，如图 2.25 和图 2.26 所示。在图标视图中，用户能够更直观地看到计算机可以使用的各种设置。

图 2.25　控制面板"类别视图"界面

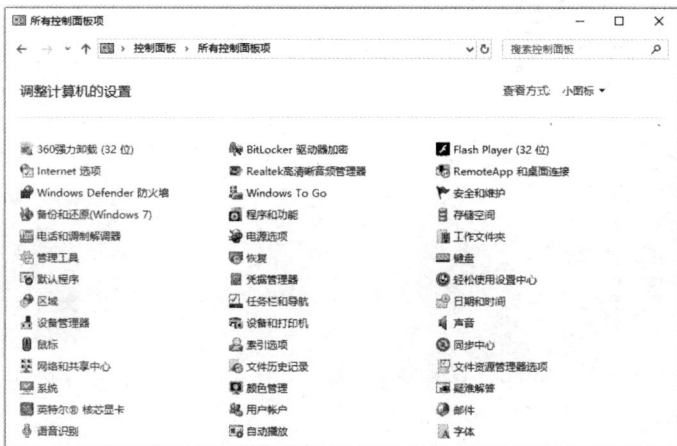

图 2.26　控制面板"图标视图"界面

### 2. 账户管理

Windows 10 支持多用户管理，多个用户可以共享一台计算机，并且可以为每个用户创建一个用户账户，以及为每个用户配置独立的用户文件，从而使得每个用户登录计算机时，都可以进行个性化的环境设置。在控制面板中，单击"用户账户"图标，打开相应的窗口，可以实现用户账户、家长控制（此功能需要有 Microsoft 账户）等管理功能。在"用户账户"中，可以更改当前账户的名称和类型、管理其他账户，也可以添加或删除用户账户。在"家长控制"中，可以为指定标准类型账户实施家长控制，主要包括时间控制、游戏控制和程序控制。

### 3. 磁盘管理

磁盘管理是一项使用计算机时的常规任务，它以一组磁盘管理应用程序的形式提供给用户，包括查错程序、磁盘碎片整理程序、磁盘清理程序等。Windows 10 没有提供一个单独的应用程序来管理磁盘，而是将磁盘管理集成到"计算机管理"中。通过右键单击桌面的"此电脑"图标，在弹出的快捷菜单中单击"管理"命令即可打开"计算机管理"窗口，选择"存储"中的"磁盘管理"，将打开"磁盘管理"功能。用户利用磁盘管理工具可以一目了然地列出所有磁盘情况，并对各个磁盘分区进行管理操作。

## 四、实验范例

### 1. 设置控制面板视图方式

单击"控制面板"，打开"控制面板"窗口。通过"查看方式"旁边的下拉列表选项可以在类别视图、大图标视图和小图标视图之间随意切换。

### 2. 外观和个性化设置

按以下步骤对 Windows 系统进行外观及个性化的设置（下面以类别视图为例）。

（1）在"控制面板"窗口中单击"外观和个性化"图标，再单击右侧的"任务栏和导航"功能，可打开"个性化"设置窗口（也可用鼠标右键单击桌面的空白处，在弹出的快捷菜单中选择"个性化"命令）。

个性化外观的设置

（2）单击左侧的"主题"项，会打开图 2.27 所示的"主题"设置对话框。用户可以对"背景""颜色""声音"等进行修改并观察桌面的变化。

（3）单击图 2.27 左侧的"锁屏界面"项，会打开"锁屏界面"设置对话框，如图 2.28 所示，用户可以对锁屏时的界面进行设置，包括"背景""选择在锁屏界面上显示详细状态的应用"等。

图 2.27 "主题"设置对话框

图 2.28 "锁屏界面"设置对话框

（4）单击图 2.28 中的"屏幕超时设置"项，会打开"电源和睡眠"设置对话框，在其中可以设置经过多长时间后，屏幕会进入关闭状态以及计算机进入睡眠状态。

（5）单击图 2.28 中的"屏幕保护程序设置"项，会打开相应的设置窗口，如图 2.29 所示。选择"屏幕保护程序"下拉列表中的"3D 文字"后，单击"设置"按钮，会弹出"3D 文字设置"对话框，如图 2.30 所示。在"自定义文字"栏输入"欢迎使用 Windows 10"，设置旋转类型为"摇摆式"，单击"确定"按钮返回到"屏幕保护程序设置"对话框时即可在预览区看到屏保效果。若要全屏预览，单击"预览"按钮即可；若要保存此设置，单击"确定"按钮。

图 2.29　"屏幕保护程序设置"对话框　　　　图 2.30　"3D 文字设置"对话框

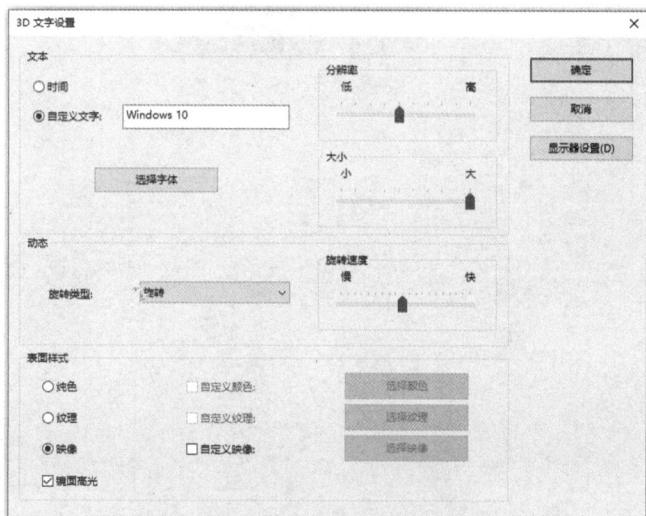

## 五、实验要求

按照以下实验步骤完成实验，观察设置效果后，将设置恢复到最初状态。

### 任务一　Windows 10 个性化的设置

1. 更改桌面背景

在桌面空白处单击鼠标右键，在弹出的快捷菜单中选择"个性化"命令，会默认打开"个性化"的"背景"设置窗口，如图 2.31 所示。"背景"分为"图片""纯色"和"幻灯片放映"三种，默认设置为"图片"。在"选择图片"区域选择一张图片，也可单击"浏览"按钮浏览其他图片，再把"选择契合度"（包括填充、适应、拉伸、平铺、居中、跨区等方式）设置为"平铺"。

如果要将多张图片设为桌面背景，可把"背景"设置为"幻灯片放映"方式，然后通过"浏览"按钮指定某个文件夹，此文件夹中的图片就是幻灯片相册，再设置"图片切换频率"和"无序播放"等即可。

2. 更改窗口边框、"开始"菜单和任务栏的颜色

（1）在图 2.31 的左侧选择"颜色"项，会出现图 2.32 所示的"颜色"设置窗口。

（2）在"选择颜色"的下拉框中选择"自定义"方案，系统会自动对后续的设置项进行更新，如图 2.33 所示。用户可根据图中的设置进行操作，并把"Windows 颜色"设为"红色"，然后观察其效果。

图 2.31 "背景"设置窗口

图 2.32 "颜色"设置窗口

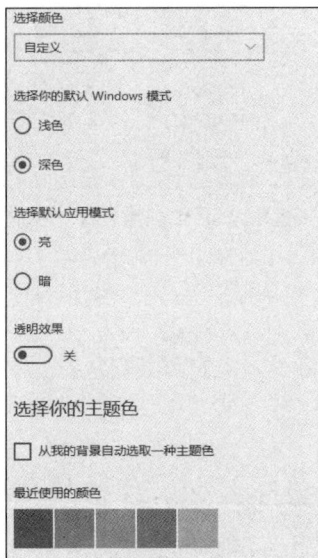

（a）设置项的上半部分　　　　　（b）设置项的下半部分

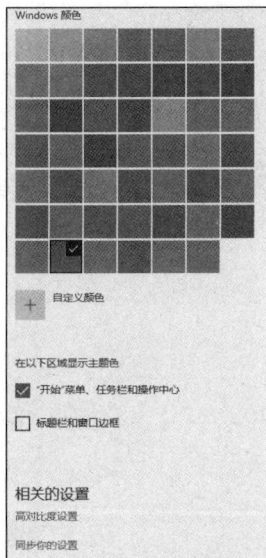

图 2.33 自定义颜色的设置项

　　用户可以把图 2.33 中的"'开始'菜单、任务栏和操作中心""标题栏和窗口边框"选中，观察设置的效果。

### 任务二　鼠标和键盘的设置

（1）在"控制面板"中单击"硬件和声音"图标，打开"硬件和声音"设置窗口。

（2）选择"设备和打印机"中的"鼠标"，打开"鼠标 属性"对话框，单击"指针选项"选项卡，在"可见性"区域中，选中"显示指针轨迹"复选框并拖动滑块至最右边，单击"确定"按钮。

（3）在"小图标"查看方式的"控制面板"中选择"键盘"，打开"键盘 属性"对话框，对其中的"重复延迟""重复速度"及"光标闪烁速度"进行调整并体验调整后的效果。

### 任务三 添加新用户

为系统添加新用户，用户名为"user1"，密码设置为"123,abc"。

说明：计算机的用户（即账户）分为标准用户和管理员两类，只有管理员才拥有用户账户管理的权限。在添加账户时，账户分为家庭成员和其他用户，这些账户互不影响，且每个账户都有自己的登录信息和界面。但是添加家庭成员账户需要在 Microsoft 账户类型下才能进行。若不是家庭成员账户，就不能对儿童账户进行管理。

下面是以管理员身份登录后的操作。

（1）选择"控制面板"→"用户账户"→"用户账户"命令，显示"用户账户"窗口，如图 2.34 所示。在这个窗口中，可以对当前用户的账户名称和账户类型进行更改，也可管理其他账户。

图 2.34 "用户账户"窗口

（2）单击"管理其他账户"，在出现的窗口中单击"在电脑设置中添加新用户"会打开"家庭和其他用户"窗口，然后选择"将其他人添加到这台电脑"，则系统会默认添加一个"Microsoft 账户"，如图 2.35 所示。

（3）由于没有此类账户，选择"我没有这个人的登录信息"，在下一个窗口中选择"添加一个没有 Microsoft 账户的用户"会打开图 2.36 所示的填写用户信息的窗口（在图中，信息已填写），根据需要指定用户名"user1"和密码"123,abc"，同时还要填写"如果你忘记了密码"的三个安全问题及答案。

图 2.35 "Microsoft 账户"对话框

图 2.36 填写用户信息示意图

（4）单击"下一步"按钮，系统会返回到"家庭和其他用户"窗口，此时，用户会发现，"user1"这个用户已添加到系统中。

（5）单击新建账户"user1"，再单击下面的"更改账户类型"，打开图 2.37 所示的"更改账户类型"窗口。

默认设置是"标准用户"，用户也可通过"账户类型"列表指定默认设置为"管理员"。

设置完成后，打开"开始"菜单，单击菜单左侧的用户图标，可以看到新增加的账户"user1"，选择该账户后输入密码就可以用新的用户身份登录系统。

图 2.37 "更改账户类型"对话框

选择"开始"→"设置"→"账户"命令，打开"账户"窗口，通过左侧的功能项"账户信息"可对当前的账户进行"创建头像"，通过"登录选项"可对"Windows Hello""PIN""密码""图片密码"等进行设置。

### 任务四 打印机的安装及设置

#### 1. 安装打印机

首先将打印机的数据线连接到计算机的相应端口上，接通电源，打开打印机，系统会自动安装打印机的驱动程序，若能自动安装成功，便可直接使用；否则，可以利用打印机自带的安装程序进行安装。

打印机的安装及设置

也可利用系统提供的功能安装打印机。选择"控制面板"→"硬件和声音"→"添加设备"命令，打开"添加设备"对话框，系统自动搜索连接到计算机上的打印机，用户根据实际情况来选择即可。安装完毕后，"设备和打印机"窗口中会出现相应的打印机图标。

#### 2. 设置默认打印机

如果安装了多台打印机，在执行具体打印任务时可以选择打印机，或将某台打印机设置为默认打印机。要设置默认打印机，可先通过"控制面板"→"硬件和声音"→"查看设备和打印机"命令打开"设备和打印机"窗口，在某个打印机图标上单击鼠标右键，在弹出的快捷菜单中选择"设置为默认打印机"命令即可。默认打印机的图标左下角有一个"√"标识。

#### 3. 打印文档的管理

在打印过程中，用户可以取消正在打印或打印队列中的作业。鼠标双击任务栏中的打印机图标，打开打印队列，选择一个打印文档，在"文档"菜单中选择"取消"命令（也可用鼠标右键单击要停止打印的文档，在弹出的快捷菜单中选择"取消"命令），如图 2.38 所示。若要取消所有文档的打印，选择"打印机"菜单中的"取消所有文档"。

根据需要，选择菜单中的"暂停""重新启动"命令可实现文档打印的暂停、暂停后的重新启动打印功能。若暂时不想让打印机打印资料，可选择"打印机"菜单中的"暂停打印"命令，再想打印的时候，取消勾选"暂停打印"命令即可。

### 任务五 使用系统工具维护系统

由于在计算机的日常使用中，在磁盘上逐渐会产生文件碎片和临时文件，致使运行程序、打开

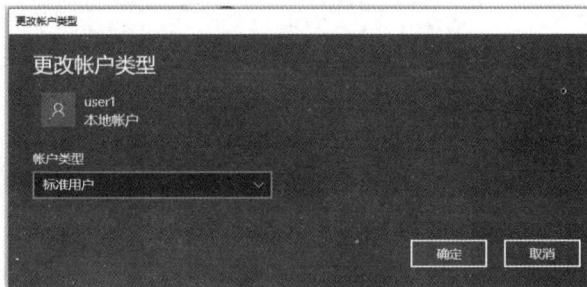

文件变慢，因此可以定期使用"磁盘清理"功能删除临时文件，释放硬盘空间，使用"碎片整理和优化驱动器"整理文件存储位置，合并可用空间，提高系统性能。

### 1. 磁盘清理

（1）选择"开始"→"Windows 管理工具"→"磁盘清理"命令，打开"磁盘清理：驱动器选择"对话框。

（2）选择要进行清理的驱动器，在此使用默认设置"C:"。

（3）单击"确定"按钮，会显示一个带进度条的计算 C 盘上释放空间的对话框，如图 2.39 所示。

图 2.38　打印文档管理示意图

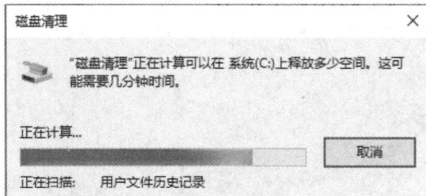

图 2.39　"磁盘清理"对话框

（4）计算完毕会弹出"系统（C:）的磁盘清理"对话框，如图 2.40 所示，其中显示了系统清理出的建议删除的文件及其所占磁盘空间的大小。

（5）在"要删除的文件"列表框中选中要删除的文件，单击"确定"按钮，在之后弹出的"磁盘清理"确认删除对话框中单击"删除文件"按钮。

依次对 C:、D:、E:等磁盘进行清理，注意观察并记录清理磁盘时获得的空间总数。

### 2. 碎片整理和优化驱动器

进行磁盘碎片整理之前，应先把所有打开的应用程序都关闭，因为一些程序在运行的过程中可能要反复读取磁盘数据，打开应用程序会影响磁盘整理程序的正常工作。

（1）选择"开始"→"Windows 管理工具"→"碎片整理和优化驱动器"命令，打开"优化驱动器"对话框。

（2）选择磁盘驱动器后单击"分析"按钮，进行磁盘分析。

（3）分析完后，可以根据结果选择是否进行磁盘优化，若想进行优化，直接单击"优化"按钮即可。

**注意：** 固态硬盘不可进行碎片整理。

### 任务六　打开和关闭 Windows 功能

Windows 10 附带的某些程序和功能（如 Internet 信息服务），必须在使用之前将其打开，不再使用时则可以将其关闭。在 Windows 的早期版本中，若要关闭某个功能，需要从计算机上将其完全卸载。而在 Windows 10 中，要关闭某个功能不必将其卸载，仍可保留在硬盘上，以便下次需要时再次将其打开。

（1）选择"控制面板"→"程序"→"启用或关闭 Windows 功能"命令，打开窗口"Windows

功能"对话框，如图 2.41 所示。

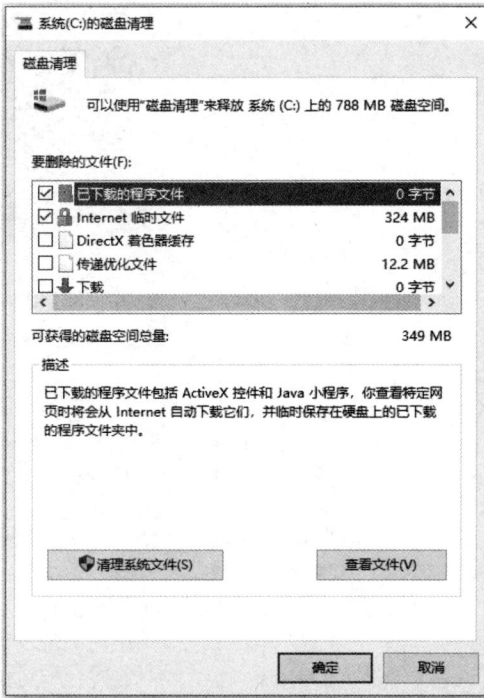

图 2.40 "系统（C:）的磁盘清理"对话框

图 2.41 "Windows 功能"对话框

（2）若要打开某个 Windows 功能，可选中该功能对应的复选框；若要关闭某个 Windows 功能，则取消其所对应的复选框。

（3）单击"确定"按钮以应用设置。

## 本章拓展训练

1. 使用"附件"中的"画图"软件，设计一个图文并茂的图片，并保存为"我设计的画图图片.jpg"。

2. 利用两台计算机，通过对计算机进行适当设置，完成远程桌面的配置与使用。

拓展训练

# 03 第3章 文字处理软件 Word 2016

本章从 Word 2016 的基本操作开始进行讲解，通过文档的创建与排版、表格制作、图文混排三个实验让读者轻松掌握使用 Word 2016 进行编辑和排版的主要技术，以及图、文、表混排文档的制作方法，并通过相关的拓展训练内容使读者能够灵活地根据不同的使用需求完成各种常见的文档的制作。

## 实验一　文档的创建与排版

### 一、实验学时

2 学时。

### 二、实验目的

- 熟练掌握 Word 2016 的启动与退出方法，认识 Word 2016 主窗口的屏幕对象。
- 熟练掌握操作 Word 2016 功能区、选项卡、组和对话框的方法。
- 熟练掌握使用 Word 2016 建立、保存、关闭和打开文档的方法。
- 熟练掌握输入文本的方法。
- 熟练掌握文本的基本编辑方法以及设定文档格式的方法，包括插入点的定位，文本的输入、选择、插入、删除、移动、复制、查找与替换、撤销与恢复等操作。
- 掌握文档的不同视图显示方式。
- 熟练掌握设置字符格式的方法，包括选择字体、字形与字号，以及字体颜色、下画线和删除线等。
- 熟练掌握设置段落格式的方法，包括对文本的字间距、段落对齐方式、段落缩进方式和段落间距等进行设置。
- 熟练掌握首字下沉、边框和底纹等特殊格式的设置方法。
- 掌握格式刷和样式的使用方法。
- 掌握项目符号和编号的使用方法。
- 掌握利用模板建立文档的方法。

### 三、相关知识

1. 基本知识

Word 2016 是 Microsoft Office 2016 办公系列软件之一，是目前办公自动化中流行的、全面支持简繁体中文的、功能强大的综合排版工具软件。

Word 2016 的用户界面仍然采用 Ribbon 界面（功能区）风格，包括可智能显示相关命令的 Ribbon 面板。在 Word 2016 中采用"文件"按钮取代了 Word 2007 中的"Office"按钮。

Word 2016 集编辑、排版和打印等功能于一体，并同时能够处理文本、图形和表格，满足了各种公文、书信、报告、图表、报表以及其他文档打印的需要。

2. 基本操作

文档编辑是 Word 2016 的基本功能，主要完成文档的建立、文本的录入、保存文档、选择文本、插入文本、删除文本以及移动、复制文本等基本操作，还有查找和替换功能、撤销和恢复功能。文档被保存时，会生成以".docx"为默认扩展名的文件。

3. 基本设置

文档编辑完成之后，就要对整篇文档排版以使文档具有美观的视觉效果，文档的排版包括字符格式设置、段落格式设置、边框与底纹设置、项目符号与编号设置以及分栏设置等。此外还有一些特殊的格式设置，如首字下沉、给中文加拼音、加删除线等。

4. 高级操作

（1）格式刷

使用格式刷可以快速地将某文本的格式设置应用到其他文本上，操作步骤如下。

① 选中要复制样式的文本。

② 单击"开始"选项卡→"剪贴板"组→"格式刷"按钮，之后将鼠标指针移动到文本编辑区，会看到鼠标指针旁出现一个小刷子的图标。

格式刷的使用

③ 用格式刷扫过（即按住鼠标左键拖动）需要应用样式的文本即可。

单击"格式刷"按钮，使用一次格式刷后其功能就会自动关闭。如果需要将某文本的格式连续应用多次，则需双击"格式刷"按钮，之后直接用格式刷扫过不同的文本就可以了。要结束使用格式刷功能，可再次单击"格式刷"按钮或者按<Esc>键。

（2）样式与模板

样式与模板是 Word 中非常重要的内容，熟练使用这两个工具可以简化格式设置的操作，提高排版的质量和速度。

样式是应用于文档中的文本及表格的一组格式特征，利用其能迅速改变文档的外观。应用样式时，只需执行简单的操作就可以应用一组格式。选择功能区中"开始"选项卡→"样式"组→"其他"命令，在出现的下拉框中显示出了可供选择的样式。要对文档中的文本应用样式，可先选中这段文本，然后单击下拉框中需要使用的样式名称就可以了。要删除某文本中已经应用的样式，可先将其选中，再选择下拉框中的"清除格式"选项。

如果要快速改变具有某种样式的所有文本的格式，可通过重新定义样式来完成。选择功能区中"开始"选项卡→"样式"组→"其他"命令，在出现的下拉框中选择"应用样式"选项，在弹出的"应用样式"任务窗格中的"样式名"文本框中输入要修改的样式名称后单击"修改"按钮，即可在弹出的对话框中看到该样式的所有格式，通过对话框中"格式"区域中的格式设置按钮完成对该样式的修改。

Word 2016 提供了内容涵盖广泛的模板，有博客文章、书法字帖以及信函、传真、简历和报告等，

利用模板用户可以快速地创建出专业而且美观的文档。模板就是一种预先设定好的特殊文档，已经包含了文档的基本结构和文档设置，如页面设置、字体格式、段落格式等，方便之后重复使用，省去了用户每次都要排版和设置的烦恼。对于某些格式相同或相近文档的排版工作，模板是不可缺少的工具。Word 2016 模板文件的扩展名为 ".dotx"，利用模板创建新文档的方法请参考其他书籍。

## 四、实验范例

### 1. 启动 Word 2016 窗口

启动 Word 2016 有多种方法，思考并实际操作一下。

### 2. 认识 Word 2016 的窗口构成

Word 2016 的窗口主要包括标题栏、快速访问工具栏、"文件"按钮、功能区、标尺栏、文档编辑区和状态栏。

### 3. 掌握 Word 2016 选项卡的功能

熟悉 Word 2016 各个选项卡的组成与作用。

### 4. 文档的建立与文本的编辑

（1）建立新文档

单击"文件"按钮，在打开的"文件"面板中选择"新建"命令，在右侧的面板中列出了可用的模板选项以及 Office.com 网站所提供的模板选项，用户根据需要选择合适的选项即可建立新文档。本范例选择"空白文档"。

（2）文档的输入

在新建的文档中输入实验范例文字，暂且不管字体及格式。输入完毕将其保存为 "D:\AA.docx"。

注：（1）和（2）的目的是建立新文档并练习输入，如果已经掌握，可直接打开某个已经存在的文件。

实例范例文字如下。

Windows 操作系统

从 1983 年到 1998 年，美国 Microsoft 公司陆续推出了 Windows 1.0、Windows 2.0、Windows 3.0、Windows 3.1、Windows NT、Windows 95、Windows 98 等系列操作系统。Windows 98 以前版本的操作系统都由于存在某些缺点而很快被淘汰。而 Windows 98 提供了更强大的多媒体和网络通信功能，以及更加安全可靠的系统保护措施和控制机制，从而使 Windows 98 系统的功能趋于完善。1998 年 8 月，Microsoft 公司推出了 Windows 98 中文版，这个版本的应用在当时是非常广泛的。

2000 年，Microsoft 公司推出了 Windows 2000 的英文版。Windows 2000 也就是改名后的 Windows NT5，Windows 2000 具有许多意义深远的新特性。同年，又发行了 Windows Me 操作系统。

2001 年，Microsoft 公司推出了 Windows XP。Windows XP 整合了 Windows 2000 的强大功能特性，并植入了新的网络单元和安全技术，具有界面时尚、使用便捷、集成度高、安全性好等优点。

2005 年，Microsoft 公司又在 Windows XP 的基础上推出了 Windows Vista。Windows Vista 仍然保留了 Windows XP 整体优良的特性，通过进一步完善，在安全性、可靠性及互动体验等方面更为突出和完善。

Windows 7 第一次在操作系统中引入了 Life Immersion 概念，即在系统中集成许多人性因素，一切以人为本，同时沿用了 Vista 的 Aero（Authentic 真实，Energetic 动感，Reflective 反射性，

Open 开阔）界面，并提供了高质量的视觉感受，使得桌面更加流畅、稳定。为了满足不同用户群体的需要，Windows 7 提供了 5 个不同的版本：家庭普通版（Home Basic 版）、家庭高级版（Home Premium 版）、商用版（Business 版）、企业版（Enterprise 版）和旗舰版（Ultimate 版）。2009 年 10 月 22 日 Microsoft 公司于美国正式发布了 Windows 7 操作系统。

5. 撤销与恢复

在快速访问工具栏上有"撤销"与"恢复"按钮，可把用户对文件的操作进行按步倒退及前进，请读者上机进行实际操作加以体会。

6. 字体及段落设置

将刚建立的文件"D:\AA.docx"打开并进行以下设置。

（1）第一段设置成隶书、二号，居中。

（2）第二段设置成宋体、小四、斜体，左对齐，段前和段后各 1 行间距。

（3）第三段设置成宋体、小四，行距设为最小值 20 磅。

字体及段落设置

（4）第四段设置成楷体、小四、加波浪线，左右各缩进 2 个字符，首行缩进 2 个字符，1.5 倍行距，段前、段后各 0.5 行间距。

（5）第五段的设置同第三段。

（6）第六段设置成楷体、小四，加粗。

7. 文字的查找和替换（以刚建立的"D:\AA.docx"为例）

（1）查找指定文字"操作系统"

操作步骤如下。

① 打开"D:\AA.docx"文档，将光标定位到文档首部。

② 选择"开始"选项卡→"编辑"→"查找"→"高级查找"命令，打开"查找和替换"对话框。

查找和替换

③ 在对话框的"查找内容"栏内输入"操作系统"。

④ 单击"查找下一处"按钮，将定位到文档中匹配该查找关键字的位置，并且匹配文字以蓝底黑字显示，表明在文档中找到一个"操作系统"。

⑤ 连续单击"查找下一处"按钮，则相继定位到文档中的其余匹配项，直至出现一个提示已完成文档搜索的对话框，就表明所有的"操作系统"都找出来了。

⑥ 单击"取消"按钮关闭"查找和替换"对话框，返回到 Word 窗口。

（2）将文档中的"Windows"替换为"WINDOWS"

操作步骤如下。

① 打开"D:\AA.docx"文档，并将光标定位到文档首部。

② 选择"开始"选项卡→"编辑"→"替换"命令，打开"查找和替换"对话框。

③ 在"查找内容"栏内输入"Windows"，在"替换为"栏内输入"WINDOWS"。

④ 单击"全部替换"按钮，则屏幕上会出现一个对话框报告已完成所有的替换。

⑤ 单击"确定"按钮关闭对话框，并返回到"查找和替换"对话框。

⑥ 单击"关闭"按钮关闭"查找和替换"对话框，返回到 Word 窗口，这时所有的"Windows"都替换成了"WINDOWS"。

## 8．视图显示方式的切换

通过单击"视图"选项卡中"文档视图"组里的各种视图按钮，进行各种视图显示方式的切换，并认真观察显示效果。

实验做完，请正常关闭系统，并认真总结实验过程和取得的收获。

# 五、实验要求

## 任务一　文档的简单排版

【原文】

将实验范例中编辑完成的文字作为原文。

【操作要求】

（1）将标题的字体格式设置为宋体、三号，加粗，居中，将标题的段前、段后间距设置为一行。

（2）将正文中的中文设置为宋体、五号，西文设置为 Times New Roman、五号，将正文行距设为 1.5 倍。

（3）为正文添加项目符号，样式如图 3.1 所示。

（4）将正文中添加项目符号的内容的字体格式设为斜体，并为其添加蓝色波浪线下画线。

（5）为正文第 1 行中的"WINDOWS 1.0、WINDOWS 2.0、WINDOWS 3.0、WINDOWS 3.1、WINDOWS NT、WINDOWS 95、WINDOWS 98"添加红色下画线。

（6）将最后一段文字设为黑体、加粗。

【样本】

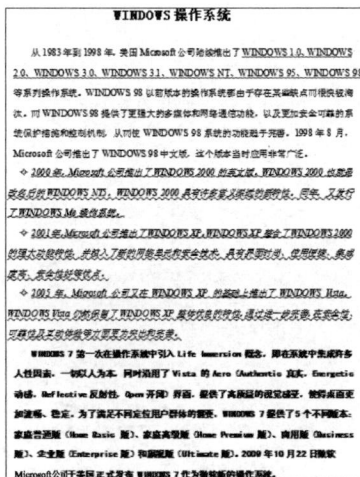

图 3.1　任务一样本

## 任务二　文档的高级排版

【原文】

被同伴驱逐的蝙蝠

很久以前，鸟类和走兽因为发生一点争执，爆发了战争。并且，双方僵持，各不相让。

有一次，双方交战，鸟类战胜了。蝙蝠突然出现在鸟类的堡垒，并说到："各位，恭喜啊！能将那些粗暴的走兽打败，真是英雄啊！我有翅膀又能飞，所以是鸟的伙伴！请大家多多指教！"

　　这时，鸟类非常需要新伙伴的加入以增强实力，所以很欢迎蝙蝠的加入。可是蝙蝠是个胆小鬼，等到战争开始，便秘不露面，躲在一旁观战。

　　后来，当走兽战胜鸟类时，走兽们高声地唱着胜利的歌。蝙蝠却又突然出现在走兽的营区，并说到："恭喜各位把鸟类打败了！实在太棒了！我是老鼠的同类，也是走兽！敬请大家多多指教！"走兽们也很乐意将蝙蝠纳入自己的同伴群中。

　　于是，每当走兽们胜利，蝙蝠就加入走兽。每当鸟类们打赢，却又成为鸟类们的伙伴。最后战争结束了，走兽和鸟类言归于好，双方都知道了蝙蝠的行为。当蝙蝠再度出现在鸟类的世界时，鸟类很不客气地对它说："你不是鸟类！"被鸟类赶出来的蝙蝠只好来到走兽的世界，走兽们则说："你不是走兽！"并赶走了蝙蝠。

　　最后，蝙蝠只能在黑夜，偷偷地飞着。

【操作要求】

（1）标题：居中，设为华文新魏、二号字，加着重号并加粗。

（2）所有正文段落首行缩进 2 个字符，左右缩进各一个字符，1.5 倍行间距。

（3）第一段：设为宋体、四号字、加粗。

（4）第二段：设为华文新魏、四号字、倾斜，分散对齐。

（5）第三段：设为黑体、四号字、加粗。

（6）第四段：用格式刷将该段设为同第三段一样的格式，并将字体颜色设为红色。

（7）第五段：设为宋体、四号字、倾斜，并将字体颜色设为蓝色。

（8）第六段：设为黑体、小三、红色并加粗，加下画线。

（9）为整篇文档加页面边框，如图 3.2 所示。

（10）在所给文字的最后输入不少于三个你最喜欢的课程的名称，设置其字体为宋体、四号，行间距为固定值 22 磅，并加项目符号，如图 3.2 所示。

（11）在 D 盘建立一个以自己名字命名的文件夹，存放自己的 Word 文档作业，该作业以"自己的名字+1"命名。

【样本】

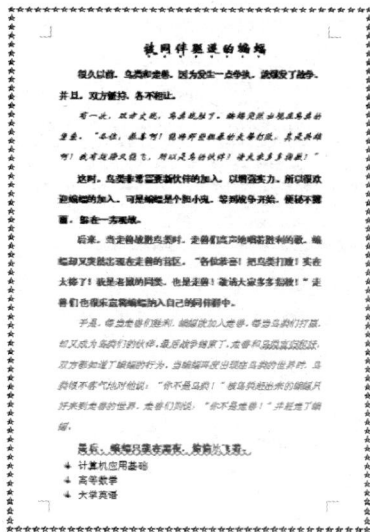

图 3.2　任务二样本

# 实验二　表格的制作

## 一、实验学时

2 学时。

## 二、实验目的

- 掌握 Word 2016 创建表格和编辑表格的基本方法。
- 掌握 Word 2016 设计表格格式的常用方法。
- 掌握 Word 2016 美化表格的方法。

## 三、相关知识

表格具有信息量大、结构严谨、效果直观等优点，而表格的使用可以简洁有效地将一组相关数据放在同一个正文中，因此，掌握表格制作的操作是十分必要的。

表格是用于组织数据的有用的工具之一，它以行和列的形式简明扼要地表达信息，便于读者阅读。在 Word 2016 中，用户不仅可以非常方便、快捷地创建一个新表格，还可以对表格进行编辑、修饰，如增加或删除一行（列）或多行（列）、拆分或合并单元格、调整行（列）高、设置表格边框及底纹等，以增加表格在视觉上的美观程度，而且还能对表格中的数据进行排序及简单计算等。

在 Word 2016 中表格的功能包括创建表格、编辑与调整表格、美化表格、表格数据的处理等。

（1）创建表格的方法

① 插入表格。在文档中创建规则的表格。

② 绘制表格。在文档中创建复杂的不规则表格。

③ 快速制表。在文档中快速创建具有一定样式的表格。

（2）编辑与调整表格

① 输入文本。在内容输入的过程中，可以同时修改录入内容的字体、字号、颜色等，这与文档的字符格式设置方法相同，都需要先选中内容再进行设置。

② 调整行高与列宽。

③ 进行单元格的合并、拆分与删除等。

④ 插入行或列。

⑤ 删除行或列。

⑥ 更改单元格对齐方式。单元格中文字的对齐方式一共有 9 种，默认的对齐方式是靠上左对齐。

⑦ 绘制斜线表头。

（3）美化表格

① 修改表格的框线颜色及线型。

② 为表格添加底纹。

③ 自动套用表格样式。

表格的调整

（4）表格数据的处理

① 把表格转换成文本。

② 对表格中的数据进行计算。

③ 对表格中的数据进行排序。

## 四、实验范例

### 1. 建立表格

建立一个 6 行 3 列的表格，按表 3.1 所示输入文字，并将单元格中的文字设置为黑体、加粗、小五号、居中，设置完成后将其保存为"D:\biao.docx"。

表 3.1    分公司销售额表

|  | 香港分公司 | 北京分公司 |
| --- | --- | --- |
| 一季度销售额 | 435 | 543 |
| 二季度销售额 | 567 | 654 |
| 三季度销售额 | 675 | 789 |
| 四季度销售额 | 765 | 765 |
| 合    计 |  |  |

表格创建完成后，按以下步骤对表格进行操作。

（1）删除表格最后一行。将光标定位到最后一行上，再选择"布局"选项卡→"行和列"组→"删除"命令，在弹出的下拉框中选择"删除行"选项即可。

（2）在最后一行之前插入一行。将光标定位到最后一行上，再选择"布局"选项卡→"行和列"→"在上方插入"命令即可。

（3）在第 3 列的左边插入一列。将光标定位到第三列上，再选择"布局"选项卡→"行和列"→"在左侧插入"命令即可。

（4）调整表中行或列的宽度。下面以列为例进行介绍。将鼠标指针移到表格中的某一单元格，把鼠标指针停留在表格的列分界线上，使之变为"←‖→"，这样就可按住鼠标左键不放，左右拖动列分界线，使之移到适当位置。行的操作类似，请试着操作并观察结果。

（5）画表格中的斜线。将光标定位在表格首行的第一个单元格中，选择"设计"选项卡→"表格样式"→"边框"命令，在弹出下拉框中选择"斜下框线"选项可使单元格中出现一条斜线，输入内容后调整对齐方式即可。

（6）调整表格在页面中的位置，使之居中显示。将光标移动到表格的任意单元格中，选择"布局"选项卡→"表"→"属性"命令，打开"表格属性"对话框，设置"对齐方式"为"居中"，然后单击"确定"按钮。

请读者自行设计并绘制复杂的不规则表格，尝试绘制不同的表格，并练习表格工具"设计"选项卡中"绘图边框"组中的相关命令选项。

### 2. 拆分表格

如果要将"D:\biao.docx"中的表格的最后一行拆分为另一个表，可先选中表格的最后一行，再选择"布局"选项卡→"合并"→"拆分表格"命令，即可见到选中行的内容脱离了原表，成为一个新表。请读者试操作，并观察结果。

### 3. 表格的修饰及美化

下面以"D:\biao.docx"为例。

（1）修改单元格中文字的对齐方式

如果要将表格第 1 列的文字设置为居中左对齐（不包括表头），先要选中表格第 1 列中除表头以外的所有单元格，选择功能区的"布局"选项卡→"对齐方式"组→"中部两端对齐"命令即可。请读者将表格后两列文字设置为右对齐。

（2）修改表格边框

**分析**：在 Word 文档中，用户可为表格、段落的四周或任意一边添加边框，也可为文档页面四周或任意一边添加各种边框，包括图片边框，还可为图形对象（包括文本框、自选图形、图片或导入图形）添加边框或框线。在默认情况下，所有的表格边框都为 1/2 磅的黑色单实线。

如要修改表格中的所有边框，可单击表格中的任意位置。如要修改指定单元格的边框，则需先选中这些单元格，然后选择"设计"选项卡→"表格样式"→"边框"→"边框和底纹"命令。在弹出的"边框和底纹"对话框中选择所需的适当选项，并确认"应用于"的范围为"表格"，最后单击"确定"按钮即可修改表格的边框。

（3）为表格第 1 列加底纹

选中表格的第 1 列并切换到"设计"选项卡，单击"表格样式"组中的"底纹"按钮，在弹出的下拉框中选择所需颜色即可。

（4）自动套用表格样式

**分析**：在已经设计了一个表格之后，可方便地套用 Word 中已有的样式，而不必像操作（2）和（3）那样修改表格的边框和底纹。

用鼠标单击表格的任意单元格后，将鼠标指针移至"设计"选项卡中的"表格样式"组内，鼠标指针停留在哪个样式上，其效果就会自动应用到表上，如果效果满意，单击鼠标就可完成自动套用样式的操作。

### 4. 表格转换

将表格"D:\biao.docx"中的第 2～4 行转换成文字的步骤如下。

（1）选中表格的第 2～4 行，选择"布局"选项卡→"数据"→"转换为文本"命令，将弹出"表格转换成文本"对话框。

（2）在对话框内设置文本的分隔符为"逗号"，单击"确定"按钮。

实现转换后，注意观察结果。

用类似的操作可将转换出来的文本再恢复成表格形式。选中需要转换成表格的对象后，选择"插入"选项卡→"表格"→"表格"→"文本转换成表格"命令，在之后弹出的对话框里选择合适的选项即可完成操作。

### 5. 表格中数据的计算与排序

在 Word 中，用户可以对表格中的数据进行计算与排序。较为简便的计算方法是在单元格中插入公式，排序要根据需要选择对话框中相应的选项，具体操作这里不再详述，请读者体会其中的要领。

一个实验做完了，请正常关闭系统，并认真总结实验过程及所取得的收获。

## 五、实验要求

### 任务一　制作课程表

【操作要求】

设计表 3.2 所示的课程表。

表 3.2　课程表

| | 星期一 | 星期二 | 星期三 | 星期四 | 星期五 |
|---|---|---|---|---|---|
| 第一大节 | | | | | |
| 第二大节 | | | | | |
| 午休 | | | | | |
| 第三大节 | | | | | |
| 第四大节 | | | | | |

表格中的内容依照实际情况进行填充，然后进行如下设置。

为表格套用"中等深浅网格 1——强调文字颜色 1"样式，并将表中文字设为小五号、楷体字，对齐方式设为"水平居中"，将表格四周边框线的宽度调整为 1.5 磅，其余表格线的宽度为默认值。

### 任务二　制作求职简历

【操作要求】

制作一份求职简历，内容如表 3.3 所示。

表 3.3　求职简历

| 基本信息： | | | | 个人相片 |
|---|---|---|---|---|
| 姓　　名： | | 性　　别： | | |
| 民　　族： | | 出生年月： | | |
| 身　　高： | | 体　　重： | | |
| 户　　籍： | | 现所在地： | | （贴照片处） |
| 毕业学校： | | 学　　历： | | |
| 专业名称： | | 毕业年份： | | |
| 工作年限： | | 职　　称： | | |
| 求职意向： | | | | |
| 职位性质： | | | | |
| 职位类别： | | | | |
| 职位名称： | | | | |
| 工作地区： | | | | |
| 待遇要求： | | | | |
| 到职时间： | | | | |
| 技能专长： | | | | |

续表

| | 语言能力: | | |
|---|---|---|---|
| 教育培训: | | | |
| 教育经历: | 时间 | 所在学校 | 学历 |
| | | | |
| 工作经历: | | | |
| | 所在公司: | | |
| | 时间范围: | | |
| | 公司性质: | | |
| | 所属行业: | | |
| | 担任职位: | | |
| | 工作描述: | | |
| 其他信息: | | | |
| | 自我评价: | | |
| | 发展方向: | | |
| | 其他要求: | | |
| 联系方式: | | | |
| | 电话 | | 地址 |

## 任务三　制作个人简历

【操作要求】

制作一份个人简历,内容如表 3.4 所示。

表 3.4　个人简历

| | | | | |
|---|---|---|---|---|
| 个人概况: | 姓名:张三 | 性别:男 | 出生年月:1997 年 11 月 | |
| | 身体状况:健康 | 民族:汉 | 身高:176cm | |
| | 专业:机械设计与制造专业 | | | |
| | 学历:本科 | | 政治面貌:党员 | |
| | 毕业院校:××工业大学 | | 通信地址:××工业大学 333#信箱 | |
| | 联系电话:136×××9999 | | 邮编:360002 | |
| 个人品质: | 诚实守信,乐于助人 | | | |
| 座右铭: | 活到老,学到老 | | | |
| 受教育情况: | 教育背景:<br>2015—2019 年　××工业大学　机械设计与制造专业 | | | |
| | 主修课程:<br>工程制图、材料力学、理论力学、机械原理、机械设计、电路理论、模拟电子技术、数字电路、微机原理、机电传动控制、工程材料学、机械制造技术基础 | | | |
| 个人能力: | 语言能力:<br>• 具有较强的语言表达能力<br>• 具有一定的英语读、写、听能力,获全国大学生英语四级证书 | | | |
| 计算机水平: | • 具有良好的计算机应用能力,获全国计算机三级证书 | | | |
| 社会实践: | • 2017 年任校学生会主席<br>• 曾参加××工业大学社会实践"三下乡"活动<br>• 在校办工厂实习两个月 | | | |
| 性格特点: | 诚实,自信,有恒心,易于相处。有一定协调组织能力,适应能力强。有较强的责任心和吃苦耐劳精神 | | | |

# 实验三　图文混排

## 一、实验学时

2 学时。

## 二、实验目的

- 熟练掌握插入与删除分页符、分节符的方法。
- 熟练掌握设置页眉和页脚的方法。
- 熟练掌握分栏排版的设置方法。
- 熟练掌握页面格式的设置方法。
- 掌握插入脚注、尾注、批注的方法。
- 熟练掌握图片、剪贴画插入、编辑及格式设置的方法。
- 熟练掌握 SmartArt 图形插入、编辑及格式设置的方法。
- 掌握绘制和设置自选图形的基本方法。
- 掌握插入和设置文本框、艺术字的方法。
- 掌握文档打印的相关设置方法。

## 三、相关知识

在 Word 2016 中，要想使文档具有很好的美观效果，仅仅通过编辑和排版是不够的，还需要对其进行页面设置，包括设置页眉和页脚、纸张大小和方向、页边距、页码，是否为文档添加封面以及是否将文档设置成稿纸的形式。此外，有时还需要在文档中适当的位置放置一些图片以增加文档的美观程度。一篇图文并茂的文档显然比单纯文字的文档更具有吸引力。

设置完成之后，还可以根据需要选择是否将文档打印输出。

### 1. 版面设计

版面设计是文档格式化的一种不可缺少的工具，使用它可以对文档进行整体修饰。版面设计的效果要在页面视图方式下才能看见。

在对长文档进行版面设计时，可以根据需要，在文档中插入分页符或分节符。如果要为该文档不同的部分设置不同的版面格式（如不同的页眉和页脚、不同的页码设置等），可通过插入分节符将各部分内容分为不同的节，然后再去设置各部分内容的版面格式。

### 2. 页眉和页脚

页眉和页脚是指位于正文每一页的页面顶部或底部一些描述性的文字。页眉和页脚的内容可以是书名、文档标题、日期、文件名、图片、页码等。顶部的叫页眉，底部的叫页脚。

通过插入脚注、尾注或者批注，可以为文档的某些文本内容添加注释以说明该文本的含义和来源。

### 3. 插入图形、艺术字等

在 Word 2016 文档中插入图片、自选图形、SmartArt 图形、艺术字等可以起到丰富版面、增强阅读效果的作用，我们可以使用功能区的相关工具对它们进行更改和编辑。

图片包括位图、扫描的图片和照片以及剪贴画，可以通过图片工具"格式"选项卡中的命令按钮等对其进行编辑和更改。如果要使插入的图片效果更加符合我们的需要，就需要对图片进行编辑。对图片的编辑主要包括图片的缩放、剪裁、移动、更改亮度和对比度、添加艺术效果、应用图片样式等。Word 2016 的"剪辑库"中包含大量的剪贴画，插入这些剪贴画能够增强 Word 文档的页面效果。

艺术字是指具有特殊艺术效果的装饰性文字，可以使用多种颜色和多种字体，还可以为其设置阴影、发光、三维旋转等，并能对显示艺术字的形状进行边框、填充、阴影、发光、三维效果等设置。

自选图形与艺术字类似，可以改变其边框、填充、阴影、发光、三维旋转以及文字环绕等设置，还可以通过多个自选图形组合形成更复杂的形状。

文本框可以用来存放文本，是一种特殊的图形对象，可以在页面上进行位置和大小的调整，并能对其及其上文字设置边框、填充、阴影、发光、三维旋转等。使用文本框可以很方便地将文档内容放置到页面的指定位置，不必受到段落格式、页面设置等因素的影响。

### 4. SmartArt 工具

Word 2016 中的 SmartArt 工具增加了大量新模板，能够帮助用户制作出精美的文档图表对象。使用 SmartArt 工具，可以非常方便地在文档中插入用于演示流程、层次结构、循环或者关系的 SmartArt 图形。

在文档中插入 SmartArt 图形的操作步骤如下。

（1）将光标定位到文档中要显示图形的位置。

（2）选择"插入"选项卡→"插图"组→"SmartArt"命令，打开"选择 SmartArt 图形"对话框，如图 3.3 所示。

插入 SmartArt 图形

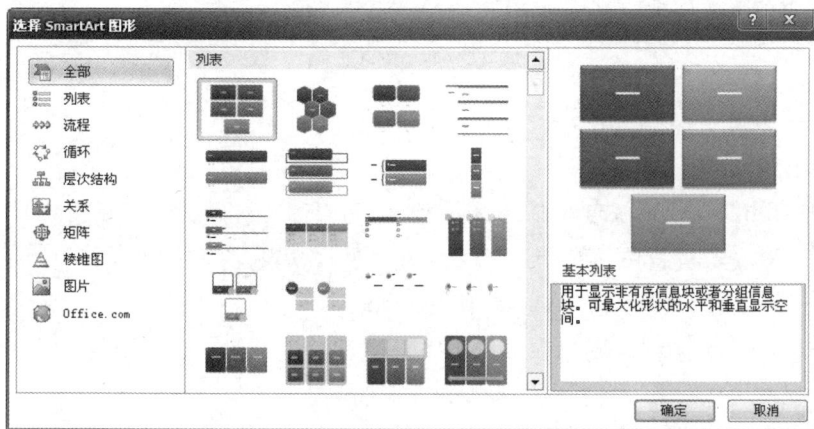

图 3.3　"选择 SmartArt 图形"对话框

（3）图中左侧列表中显示的是 Word 2016 提供的 SmartArt 图形分类列表，有列表、流程、循环、层次结构、关系等，单击某一种类别，会在对话框中间显示出该类别下的所有 SmartArt 图形的图例，单击某一图例，在对话框右侧可以预览到该种 SmartArt 图形并在预览图的下方显示该图的文字介绍，在此选择"层次结构"分类下的组织结构图。

（4）单击"确定"按钮，即可在文档中插入图 3.4 所示的显示文本窗格的组织结构图。

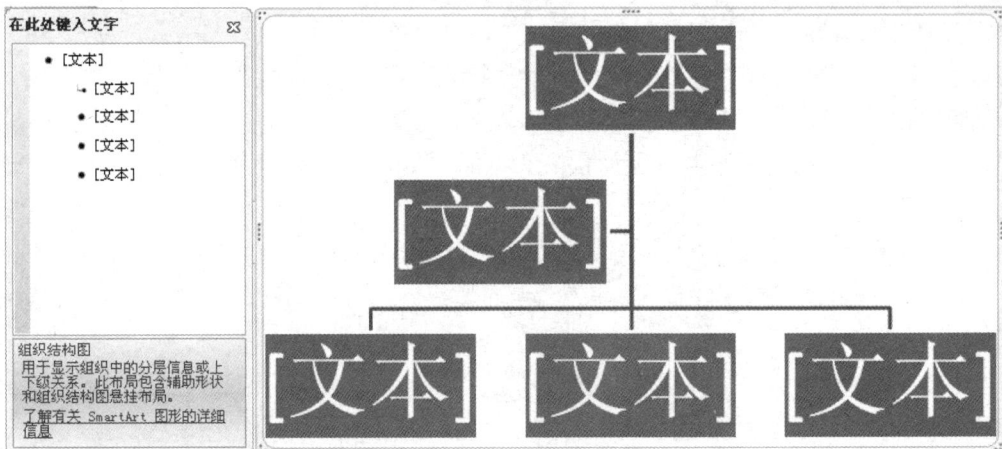

图 3.4　组织结构图

　　插入组织结构图后，可以通过两种方法在其中添加文字：一种是在图右侧显示"文本"的位置处单击鼠标后直接输入文字；另一种是在图左侧的"在此处键入文字"的文本窗格中输入文字。输入文字的格式按照预先设计的格式显示，当然用户也可以根据自己的需要进行更改。

　　当文档中插入组织结构图后，在功能区会显示用于编辑 SmartArt 图形的"设计"和"格式"选项卡，如图 3.5 所示，通过 SmartArt 工具可以为 SmartArt 图形进行添加新形状、更改大小、布局以及形状样式等的调整。

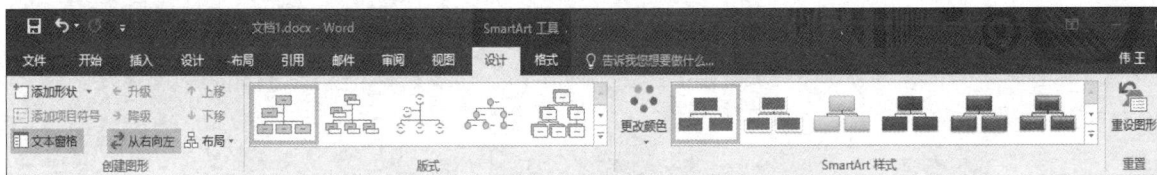

图 3.5　SmartArt 工具

## 四、实验范例

### 1. 添加页眉和页脚及进行设置

按以下操作步骤设置页眉和页脚。

（1）创建一个新文档，保存为"D:\页眉和页脚.docx"。

（2）选择"插入"选项卡→"页眉和页脚"组→"页眉"→"空白（三栏）"命令，之后分别在页眉处的三个"键入文字"区域输入自己的班级、学号和姓名。

（3）插入页眉时，在功能区会出现用于编辑页眉和页脚的"设计"选项卡，单击"导航"组中的"转至页脚"按钮切换到页脚。

（4）单击"插入"组中的"日期和时间"按钮，在之后弹出的"日期和时间"对话框中选择一种日期时间格式，并选中对话框右下角的"自动更新"复选框，然后单击"确定"按钮。

（5）完成设置后，单击"关闭"组中的"关闭页眉和页脚"按钮关闭"页眉和页脚"工具。

　　在进行页眉和页脚设置的过程中，页眉和页脚的内容会突出显示，而正文中的内容会变为灰色不可编辑，关闭"页眉和页脚"工具后则返回到文档编辑状态，而页眉和页脚的内容会变为灰色。此外，还可以在页眉和页脚中显示页码并设置页码格式，或者显示作者名、文件名、文件大小以及文件标题等信息，还能设置首页不同或奇偶页不同的页眉和页脚，请读者上机进行实际操作并加以体会。

2. 样式

（1）样式的使用

**分析：** 所谓"样式"，就是 Word 内置的或用户命名并保存的一组文档字符及段落格式的组合。可以将一个样式应用于任何数量的文字和段落，如需更改使用同一样式的文字或段落的格式，只需更改所使用的样式，而不管文档中有多少这样的文字或段落，都可一次性完成。

按以下操作步骤练习样式的使用。

① 新建一个名为"样式.docx"的文档，在新文档中输入文字"样式的使用"。

② 选择"开始"选项卡→"样式"组→"样式"列表框→"标题 1"样式，"样式的使用"几个字的字体、字号、段落格式等将自动变成"标题 1"的设置格式。

③ 保存该文件，请注意观察效果。

（2）样式的创建

以"样式"框中的"标题 2"为基准样式，创建一个新的样式的操作步骤如下。

① 将光标定位于"样式的使用"这句话的任意位置。

② 单击"开始"选项卡→"样式"组右下角的对话框启动器，打开"样式"窗格。

③ 单击"样式"窗格左下角的"新建样式"按钮，弹出"根据格式设置创建新样式"对话框。

④ 在"名称"栏内输入新建样式的名称"07 新建样式 1"，在"样式基准"栏内选择"标题 2"样式，并设置字体为黑体、小三号、居中，字体颜色为蓝色，行间距为 2 倍。

⑤ 单击"确定"按钮。

设置完成后，观察 Word 窗口，这时可见"07 新建样式 1"已经出现在"样式"组中的样式列表框中了，并且"样式的使用"这几个字也已经按照新样式发生了变化。

（3）样式的更改

将样式"07 新建样式 1"字体由小三号改为一号，由黑体改为宋体，再加上波浪线。操作步骤如下。

① 选中"样式"组中"样式"列表框中的"07 新建样式 1"样式，单击鼠标右键，在弹出的快捷菜单中选择"修改"选项，出现"修改样式"对话框。

② 按照要求对原来的样式进行修改。如果要设置的选项没有在对话框的"格式"区域中显示，可以通过对话框左下角的"格式"按钮下拉框中的选项来完成设置。

③ 单击"确定"按钮。设置完成后，返回 Word 窗口，观察"样式的使用"这几个字的变化。

3. 拼写和语法

在 Word 中不但可以对英文进行拼写与语法检查，还可以对中文进行拼写和语法检查，这个功能大大减少了文本输入的错误率，使单词和语法的准确性更高。

为了能够在输入文本时 Word 自动进行拼写和语法检查，需要进行一定的设置。单击"文件"按钮，在打开的"文件"面板中单击"选项"命令，弹出"Word 选项"对话框，单击左侧列表中的"校对"项，之后选中对话框右侧"在 Word 中更正拼写和语法时"区域中的"键入时检查拼写"和"随拼写检查语法"复选框，单击"确定"按钮。这样，Word 将自动检查拼写和语法。

当 Word 检查到有错误的单词或中文时，就会用红色波浪线标出拼写的错误，用绿色波浪线标出语法的错误。

注意：由于有些单词或词组有其特殊性，如在文档中输入"Photoshop"就会被认为是错误的，但事实上并非错误，因此，Word拼写和语法检查后的错误信息，并非绝对就是错误的，对于一些特殊的单词或词组仍可视为正确。

另外，可用手动方式进行拼写和语法检查。单击"审阅"功能区中"校对"组中的"拼写和语法"按钮，打开"拼写和语法"对话框，在"不在词典中"列表框中将显示出查到的错误信息，在"建议"列表框中则显示Word建议替换的内容。此时若要用"建议"列表框中的内容替换错误信息，可以选中"建议"列表框中的一个替换选项后单击"更改"按钮。若要跳过此次的检查，则可单击"忽略一次"按钮。如果单击"添加到词典"按钮，则可将当前拼写检查后的错误信息加入词典中，以后检查到这些内容时，Word都将视其为正确的。

提示：为了提高拼写检查的准确性，可以在"拼写和语法"对话框中的"词典语言"下拉列表框中选择用于拼写检查的字典。

试着完成此过程，并体会其中的含义。

一个实验做完了，正常关闭系统，并认真总结实验过程和所取得的收获。

## 五、实验要求

### 任务一　在本章实验一中任务二的基础上继续完成本次任务

【原文】

原文同实验一中任务二。

【操作要求】

（1）完成本章实验一中任务二的操作要求。

（2）页面设置：B5纸，各边距均为1.8cm，不要装订线。

（3）为第一段文字添加艺术效果，设置浅蓝色轮廓、"外部、居中偏移"阴影。为最后一段文字加拼音。

（4）在页眉处输入自己的姓名、班级、学号，并居中显示。在页脚处插入页码，居中显示。

（5）将文档中最后三行的内容替换如下。

- Wingdings字体里的　☺　☪　☎　☻；
- Wingdings2字体里的　☜　☞　◈　✂。

（6）最后插入日期，不带自动更新，并且右对齐。

（7）在D盘建立一个以自己名字命名的文件夹存放自己的Word文档作业，该作业以"自己的名字+2"命名。

### 任务二　文档的高级排版

【原文】

移轴镜头摄影

相信很多人都会误以为这张图片里面的飞机是一些小模型，而实际上，这是一张移轴镜头摄影（Tilt-shift photography）照片，一种以追求现实与想象为表现形式的拍摄方法，它利用一种特殊的镜头使普通的事物在照片里影像产生这种独特的效果，致力于传达一种溶于真实世界中的虚幻意识，提供了一种介乎于真实世界和虚幻想象中的强烈视觉，让观者更多地觉得是在看一个模型而非真实世界。

用移轴镜头拍摄的北京奥运现场

移轴镜头

移轴摄影镜头是一种能达到调整所摄影像透视关系或全区域聚焦目的的摄影镜头。

移轴摄影镜头最主要的特点是，可在相机机身和胶片平面位置保持不变的前提下，使整个摄影镜头的主光轴平移、倾斜或旋转，以达到调整所摄影像透视关系或全区域聚焦的目的。移轴摄影镜头的基准清晰像场大得多，这是为了确保在摄影镜头光主轴平移、倾斜或旋转后仍能获得清晰的影像。移轴摄影镜头又被称为"TS 镜头"（"TS"是英文"Tilt&Shift"的缩写，即"倾斜和移位"）"斜拍镜头""移位镜头"等。

【操作要求】

制作表格，并进行编辑排版，得出图 3.6 所示的效果。

图 3.6　样本

按要求完成以下设置。

（1）标题是艺术字，样式为"渐变填充-蓝色，强调文字颜色 1"且居中显示，字体为黑体、36号，环绕方式为"上下型环绕"；正文文字是小四号、宋体，每段的首行有两个汉字的缩进，第一段为多倍行距 1.25 倍，其余段落为单倍行距。

（2）纸张设置为 A4，上下左右边界均为 2cm。

（3）为正文中的第一句话设置"渐变填充-橙色，强调文字颜色 6，内部阴影"的文本艺术效果。

（4）文档有特殊修饰效果。包括首字下沉并设置为红色，文字有着重号、突出显示、边框和底纹等设置，具体设置参考图 3.6 所示。

（5）插入任意两张图片，按图 3.6 所示改变其大小和位置，并设置为紧密型环绕。在第二张图片上插入一个文本框，文本框的格式设为无填充颜色并加入文字，边框设为浅蓝色、1 磅。

（6）在页眉处添加本人的院系、专业、班级、姓名、学号，文字为小五号、宋体，居中显示；在页脚处插入日期。

（7）表格名是艺术字，样式为"填充-红色，强调文字颜色 2，暖色粗糙棱台"且居中显示，字体为黑体、24 号，环绕方式为"上下型环绕"；表格中的文字是宋体、小五号，依照文字内容设置单元格对齐方式（如文字内容为"左上对齐"，则设置单元格对齐方式为靠上左对齐）。表格四周边框线设为 2.25 磅、浅蓝色，其余表格线设为 1.5 磅、紫色。

（8）背景设为填充信纸纹理。

# 本章拓展训练

综合运用 Word 2016 的各种编辑和排版功能，熟练使用图片、自选图形、剪贴画、艺术字、文本框和表格等文档元素，能够根据不同的使用需求对页面布局（包括纸张大小和方向、页边距等）、页面背景以及页眉页脚等进行灵活设置，制作出各种常见的文档。

1. 制作一张新年贺卡。
2. 制作一份校园报刊。

新年贺卡的制作　　校园报刊的制作

# 04 第4章 电子表格软件 Excel 2016

本章通过三个实验，使读者掌握工作表的创建与格式编排方法，进而掌握公式与函数的应用，学会图表的制作和数据的排序、筛选等数据管理方法；最后通过拓展训练，学会利用数据透视表和数据透视图对数据进行分析和汇总。

## 实验一  工作表的创建与格式编排

### 一、实验学时

2 学时。

### 二、实验目的

- 掌握 Excel 2016 的基本操作。
- 掌握 Excel 2016 各种类型数据的输入方法。
- 掌握数据的修改及编辑工作表的方法与步骤。
- 掌握数据格式化的方法与步骤。
- 掌握工作簿的操作，包括插入、删除、移动、复制、重命名工作表等。
- 掌握格式化工作表的方法。

### 三、相关知识

在 Excel 2016 中的文字通常是指字符或者任何数字和字符的组合。输入到单元格内的任何字符集，只要不被系统解释为数字、公式、日期、时间、逻辑值，那么 Excel 2016 一律将其视为文字。而对于全部由数字组成的字符串，Excel 2016 提供了在它们之前添加 "'" 来区分 "数字字符串" 和 "数字型数据" 的方法。

当建立工作表时，所有的单元格都采用默认的常规数字格式。当数字的长度超过单元格的宽度时，Excel 2016 将自动使用科学计数法来表示输入的数字。

在输入表格的数据时，可能有时会输入许多相同的内容，如性别、年份等；有时还会输入一些等差序列或等比序列，如编号等；当然也可以输入自定义的序列，对于输入这些内容的操作，可以选用 Excel 2016 的 "填充功能" 来完成，使问题变得容易。

在制作工作表的过程中，还要对工作表进行格式化操作，这样有助于制作出更为醒目和美观的工作表。

### 1. Excel 2016 概述

（1）Excel 2016 的主要功能：表格制作、数据运算、数据管理、建立图表。

（2）Excel 2016 的启动和退出方法。

（3）Excel 2016 的窗口组成：快速访问工具栏、标题栏、选项卡、功能区、窗口操作按钮、工作簿窗口按钮、帮助按钮、名称框、编辑栏、编辑窗口、状态栏、滚动条、工作表标签、视图按钮以及显示比例等。

### 2. Excel 2016 的基本操作

Excel 2016 的基本操作如下。

（1）文件操作

① 建立新工作簿。启动 Excel 2016 后，选择"文件"→"新建"命令，或者单击快速访问工具栏上的"新建"按钮 ⬜。

② 打开已有工作簿。如果要对已存在的工作簿进行编辑，就必须先打开该工作簿。选择"文件"→"打开"命令，或者单击快速访问工具栏上的"打开"按钮 📂，在出现的对话框中输入或选择要打开的文件，再单击"打开"按钮。

③ 保存工作簿。当完成对一个工作簿文件的建立、编辑后，就可将文件保存起来。若该文件已保存过，直接保存即可；若为一个新文件，将会弹出一个"另存为"对话框，用户可用新文件名保存工作簿。

④ 关闭工作簿。具体操作见主教材的相关内容。

（2）选定单元格的操作

选定单元格的操作包括以下几种方式。

① 选定单个单元格。

② 选定连续或不连续的单元格区域。

③ 选定行或列。

④ 选定所有单元格。

（3）工作表的操作

工作表的基本操作有以下内容。

① 选定工作表。例如，选定单个工作表、多个工作表、全部工作表以及取消选定工作表。

② 重命名工作表。

③ 移动工作表。

④ 复制工作表。

⑤ 插入工作表。

⑥ 删除工作表。

（4）输入数据

输入的数据主要有以下几种类型。

① 文本的输入。

② 数值的输入。

③ 日期和时间的输入。

④ 批注的输入。

⑤ 自动填充数据。

⑥ 自定义序列。

### 3. 编辑工作簿

编辑工作簿可分为编辑单元格和编辑工作表。

（1）编辑单元格的方法主要有以下几种。

① 编辑和清除单元格中的数据。

② 移动和复制单元格。

③ 插入单元格以及行和列。

④ 删除单元格以及行和列。

⑤ 查找和替换操作。

⑥ 给单元格加批注。

⑦ 命名单元格。

（2）编辑工作表的常见方法有以下几种。

① 设定工作表的页数。

② 激活工作表。

③ 插入工作表。

④ 删除工作表。

⑤ 移动工作表。

⑥ 复制工作表。

⑦ 重命名工作表。

⑧ 拆分与冻结工作表。

### 4. 格式化工作表

格式化工作表的方法如下。

（1）设置字符、数字、日期以及对齐格式。

（2）调整行高和列宽。

（3）设置边框、底纹和颜色。

### 5. 使用条件格式

条件格式基于条件更改单元格区域的外观，有助于突出显示所关注的单元格或单元格区域，强调异常值，使用数据条、颜色刻度和图标集来直观地显示数据。

（1）快速格式化。

（2）高级格式化。

### 6. 套用表格格式

Excel 2016 中，提供了一些已经制作好的表格格式，用户制作报表时套用这些格式，可以制作出既漂亮又专业化的表格。

### 7. 使用单元格样式

要在一个步骤中应用几种格式，并确保各个单元格格式一致，可以使用单元格样式。单元格样式是一组已定义的格式特征，如字体和字号、数字格式、单元格边框和单元格底纹。

（1）应用单元格样式。

（2）创建自定义单元格样式。

以上知识点操作可扫描二维码观看视频。

综合案例 1

## 四、实验范例

### 1. 启动 Excel 2016

启动 Excel 2016 有多种方法，思考并实际操作。

### 2. 认识 Excel 2016 的窗口构成

Excel 2016 的窗口主要包括 Excel 2016 功能区、选项卡、组和对话框。

### 3. Excel 文件的建立与单元格的编辑

建立"学生成绩表"，如表 4.1 所示。

**表 4.1　学生成绩表**

| 姓名 | 课程名称 | | | | 平均成绩 |
|---|---|---|---|---|---|
| | 高等数学 | 英语 | 程序设计 | 汇编语言 | |
| 王涛 | 89 | 92 | 95 | 96 | |
| 李阳 | 78 | 89 | 84 | 88 | |
| 杨利伟 | 67 | 74 | 83 | 79 | |
| 孙书方 | 86 | 87 | 95 | 89 | |
| 郑鹏鹏 | 53 | 76 | 69 | 76 | |
| 徐巍 | 69 | 86 | 59 | 77 | |

（1）建立工作表

① 录入数据。双击工作表标签"Sheet1"，键入新名称"学生成绩表"覆盖原有名称，将表头、记录等数据输入表中。选中 B1 至 E1 的单元格区域，将这几个单元格合并，用同样的方法将 A1 至 A2、F1 至 F2 合并。合并后的工作表如图 4.1 所示。

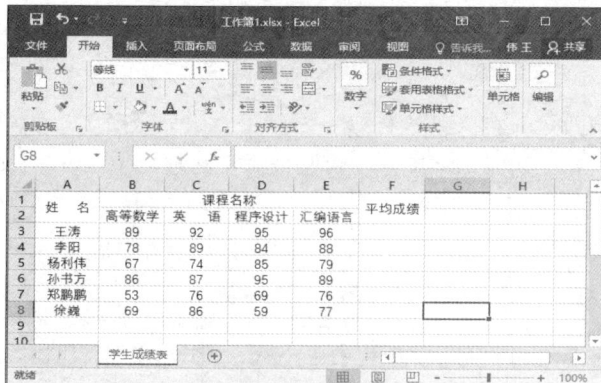

图 4.1　录入数据

② 输入标题，设置工作表格式。在表的最上方插入一个新行，合并居中 A1 至 F1 的单元格，然后输入标题，并设置标题字体为"楷体""蓝色""22"。调整行高。

③ 在表的最右方加一新列"总成绩"。

将表格其余部分调整为图 4.2 所示的样式。

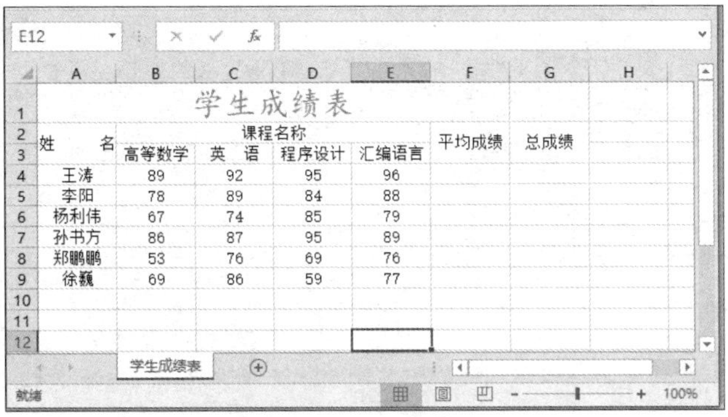

图 4.2　格式调整

（2）格式化表格

给表格加上合适的框线、底纹，如图 4.3 所示。

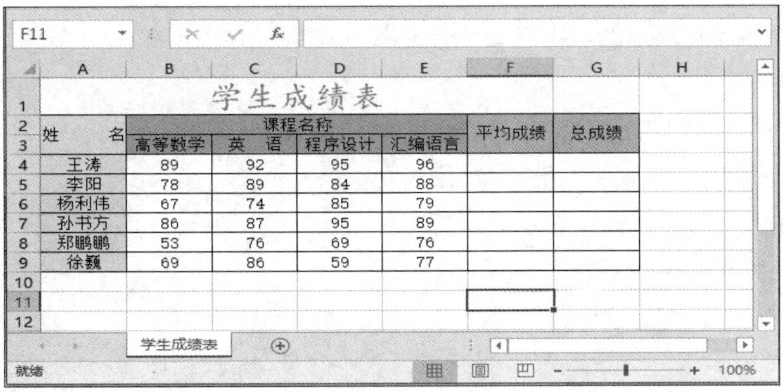

图 4.3　格式化后的表格

（3）使用条件格式

对表格中不及格的成绩进行突出显示，如图 4.4 所示。

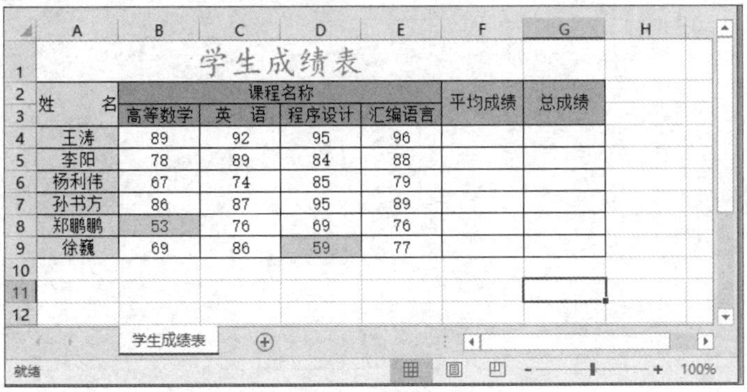

图 4.4　使用条件格式后的表格

（4）套用表格格式

利用 Excel 2016 中提供的套用表格格式，选择一个合适的、自己喜欢的格式对表格进行美化，如图 4.5 所示。

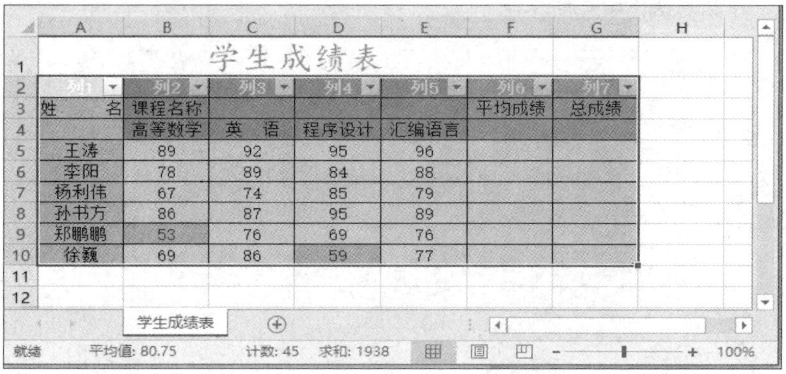

| 学生成绩表 | | | | | | |
|---|---|---|---|---|---|---|
| 列1 | 列2 | 列3 | 列4 | 列5 | 列6 | 列7 |
| 姓　名 | 课程名称 | | | | 平均成绩 | 总成绩 |
| | 高等数学 | 英　语 | 程序设计 | 汇编语言 | | |
| 王涛 | 89 | 92 | 95 | 96 | | |
| 李阳 | 78 | 89 | 84 | 88 | | |
| 杨利伟 | 67 | 74 | 85 | 79 | | |
| 孙书方 | 86 | 87 | 95 | 89 | | |
| 郑鹏鹏 | 53 | 76 | 69 | 76 | | |
| 徐巍 | 69 | 86 | 59 | 77 | | |



图 4.5　套用表格格式化后的表格

一个实验做完了，正常关闭系统，并认真总结实验过程和所取得的收获。

## 五、实验要求

### 任务一　制作图 4.6 所示的表格并进行格式化

【操作要求】

（1）标题：合并且居中，楷体，22 号字，蓝色，加粗。

（2）表头及第一列：宋体，11 号字，居中，加粗。

（3）将所有的数据都设置成居中显示方式。

（4）将不及格分数用粉红字突出显示。

（5）内框线用细线描绘，外框线用粗框线勾画（注意使用多种方法，既可用“开始”里“字体”组中的“框线”下拉框进行设置，也可用“笔”选好线型直接画出，结合实际操作，体会使用的方法）。

（6）用套用格式进行格式的套用，本例用的是套用格式中浅色第三行中的第五个。

最后效果如图 4.6 所示。

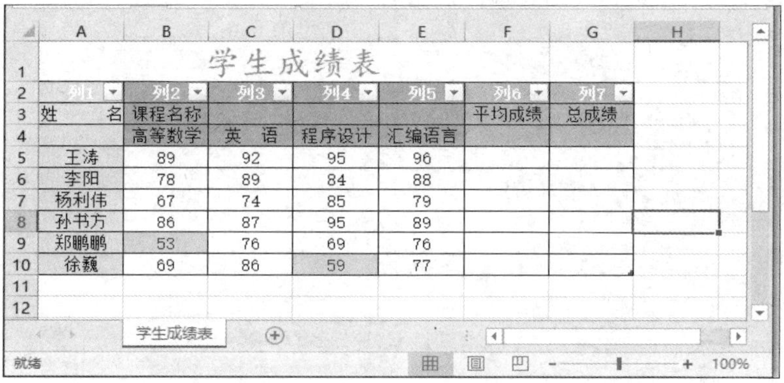

| 学生成绩表 | | | | | | |
|---|---|---|---|---|---|---|
| 列1 | 列2 | 列3 | 列4 | 列5 | 列6 | 列7 |
| 姓　名 | 课程名称 | | | | 平均成绩 | 总成绩 |
| | 高等数学 | 英　语 | 程序设计 | 汇编语言 | | |
| 王涛 | 89 | 92 | 95 | 96 | | |
| 李阳 | 78 | 89 | 84 | 88 | | |
| 杨利伟 | 67 | 74 | 85 | 79 | | |
| 孙书方 | 86 | 87 | 95 | 89 | | |
| 郑鹏鹏 | 53 | 76 | 69 | 76 | | |
| 徐巍 | 69 | 86 | 59 | 77 | | |



图 4.6　任务一表格效果图

### 任务二　制作图 4.7 所示的表格

【操作要求】

（1）标题：合并且居中，宋体，14 号字，加粗。

（2）表头：宋体，11 号字，居中，加粗。

（3）所有的数据对齐方式参照图 4.7 所示进行设置。

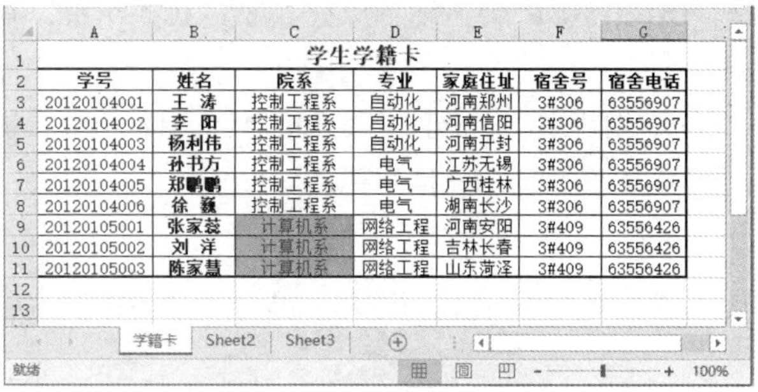

| 学生学籍卡 | | | | | | |
|---|---|---|---|---|---|---|
| 学号 | 姓名 | 院系 | 专业 | 家庭住址 | 宿舍号 | 宿舍电话 |
| 20120104001 | 王 涛 | 控制工程系 | 自动化 | 河南郑州 | 3#306 | 63556907 |
| 20120104002 | 李 阳 | 控制工程系 | 自动化 | 河南信阳 | 3#306 | 63556907 |
| 20120104003 | 杨利伟 | 控制工程系 | 自动化 | 河南开封 | 3#306 | 63556907 |
| 20120104004 | 孙书方 | 控制工程系 | 电气 | 江苏无锡 | 3#306 | 63556907 |
| 20120104005 | 郑鹏鹏 | 控制工程系 | 电气 | 广西桂林 | 3#306 | 63556907 |
| 20120104006 | 徐 巍 | 控制工程系 | 电气 | 湖南长沙 | 3#306 | 63556907 |
| 20120105001 | 张家蕊 | 计算机系 | 网络工程 | 河南安阳 | 3#409 | 63556426 |
| 20120105002 | 刘 洋 | 计算机系 | 网络工程 | 吉林长春 | 3#409 | 63556426 |
| 20120105003 | 陈家慧 | 计算机系 | 网络工程 | 山东菏泽 | 3#409 | 63556426 |



图 4.7　任务二表格效果图

（4）各列数据用合适的填充方式进行数据填充。

（5）内框线用细线描绘，外框线用粗框线勾画。

（6）将所有含“计算机系”的单元格都设置成“浅红填充色深红色文本”。

# 实验二　公式与函数的应用

## 一、实验学时

2 学时。

## 二、实验目的

- 掌握单元格相对地址与绝对地址的使用方法。
- 掌握公式的使用方法。
- 掌握常用函数的使用方法。
- 掌握“粘贴函数”对话框的操作方法。

## 三、相关知识

在 Excel 2016 中，也会经常用到函数和公式。公式与函数都是以“=”作为起始的。

1. 单元格引用类型

在公式中可以引用本工作簿或其他工作簿中任何单元格区域的数据。公式中输入的是单元格区域地址，引用后，公式的运算值随着被引用单元格的值的变化而变化。

单元格地址根据被复制到其单元格时是否改变，可分为相对引用、绝对引用和混合引用三种类型。

（1）同一工作簿同一工作表的单元格引用。

（2）同一工作簿不同工作表的单元格引用。

（3）不同工作簿的单元格引用。

**2．公式**

（1）输入公式：单击要输入公式的单元格，在单元格中首先必须输入一个等号，然后输入所要的公式，最后按<Enter>键。Excel 2016 会自动计算公式表达式的结果，并将其显示在相应的单元格中。

（2）公式的引用：引用分为相对引用、绝对引用和混合引用。另外，还需掌握同一工作簿中不同工作表的单元格引用以及不同工作簿的单元格引用。

**3．函数**

函数实际上是一些预先定义好的特殊公式，运用一些称为参数的特定数值按特定的顺序或结构进行计算，然后返回一个值。

（1）函数的分类：Excel 2016 提供了财务函数、统计函数、日期与时间函数、查找与引用函数、数学和三角函数等 10 类函数。一个函数包含等号、函数名称、函数参数三部分。函数的一般格式为"=函数名(参数)"。

（2）函数的输入：函数的输入有两种方法，一种是在单元格中直接输入函数，另一种是使用"插入函数"对话框插入函数。

（3）常用函数的使用：常用函数包括 SUM 函数、AVERAGE 函数、MAX 函数、MIN 函数、COUNT 函数、COUNTIF 函数、IF 函数、RANK 函数等。

综合案例 2

以上知识点操作可扫描二维码观看视频。

## 四、实验范例

制作图 4.8 所示的表格。

图 4.8　实验范例表格

操作步骤如下。

（1）制作标题。在 A1 单元格中输入"学生成绩表"，将其设置成楷体，加粗，18 号，然后将 A1 至 H1 单元格合并并居中。

（2）基本内容的输入。输入 A2:A13 列、B2:E9 矩形框、F2:H2 行单元格的内容，如图 4.8 所示。注意，其中部分单元格需要合并。

（3）函数的应用。利用函数求得各单元格中所需数据，例如下面的函数。

F4：= AVERAGE(B4:E4)，利用拖动柄拖动，得出 F5:F9 的数据。

G4：=SUM(B4:E4)，利用拖动柄拖动，得出 G5:G9 的数据。

H4：=RANK(G4,$G$4:$G$9)，利用拖动柄拖动，得出 H5:H9 的数据。

B10：=MAX(B4:B9)，利用拖动柄拖动，得出 C10:E10 的数据。

B11：=MIN(B4:B9)，利用拖动柄拖动，得出 C11:E11 的数据。

B12：=COUNTIF(B4:B9,"<60")，利用拖动柄拖动，得出 C12:E12 的数据。

B13：=B12/COUNT(B4:B9)，利用拖动柄拖动，得出 C13:E13 的数据，并设置比例为百分比形式，且只保留两位小数。

（4）给表格加上相应的边框，并突出显示不及格的成绩。

一个实验做完了，要正常关闭系统，并认真总结实验过程和所取得的收获。

## 五、实验要求

### 任务一　常用函数的使用

【操作要求】

制作与实验范例一样的表格，要求平均成绩、总成绩、名次、最高分、最低分、不及格人数及不及格比例都要用函数完成计算，熟练掌握 SUM 函数、AVERAGE 函数、MAX 函数、MIN 函数、COUNT 函数、COUNTIF 函数、IF 函数以及 RANK 函数的应用。

### 任务二　单元格的引用

要求掌握同一工作簿不同工作表的单元格引用的方法。

【操作要求】

（1）打开实验一任务二中的"学籍卡"表格，如图 4.9 所示。

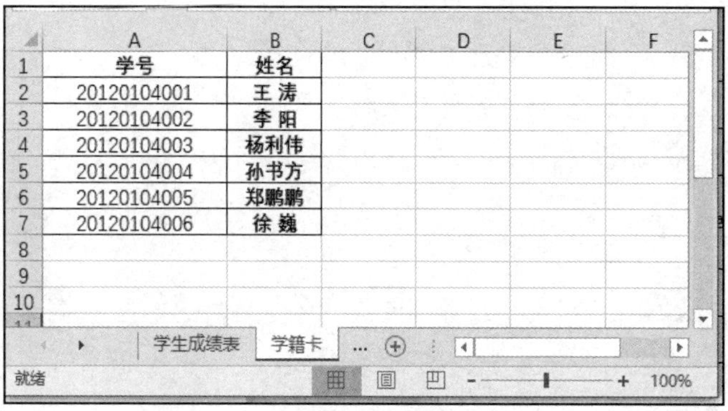

图 4.9　学籍卡

（2）在"学生成绩表"中插入新列"学号"，并合并"学号"单元格，如图 4.10 所示。

（3）先选定工作表"学生成绩表"中用于记录学生学号的单元格 A4，插入"="，再分别单击"学籍卡"及其中的 A2 单元格，可以看到在地址栏中显示出"=学籍卡!A2"，然后按<Enter>键即可完成不同工作表中单元格的引用操作，最后用拖动柄将 A5 至 A9 自动填充即可。

（4）合理地调整表格外框线的位置，结果如图 4.10 所示。

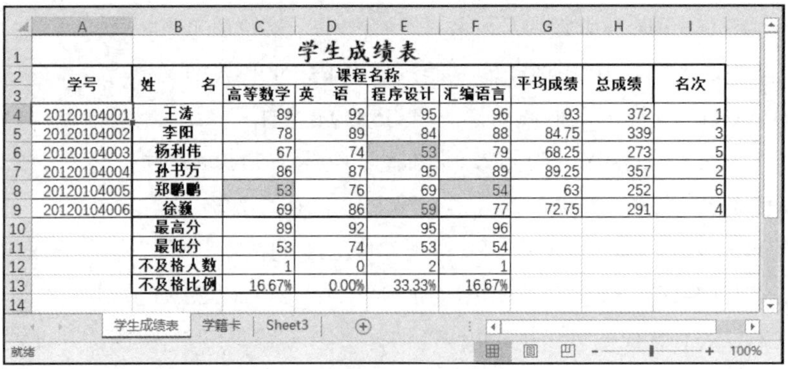

学生成绩表

| 学号 | 姓名 | 高等数学 | 英语 | 程序设计 | 汇编语言 | 平均成绩 | 总成绩 | 名次 |
|---|---|---|---|---|---|---|---|---|
| 20120104001 | 王涛 | 89 | 92 | 95 | 96 | 93 | 372 | 1 |
| 20120104002 | 李阳 | 78 | 89 | 84 | 88 | 84.75 | 339 | 3 |
| 20120104003 | 杨利伟 | 67 | 74 | 53 | 79 | 68.25 | 273 | 5 |
| 20120104004 | 孙书方 | 86 | 87 | 95 | 89 | 89.25 | 357 | 2 |
| 20120104005 | 郑鹏鹏 | 53 | 76 | 69 | 54 | 63 | 252 | 6 |
| 20120104006 | 徐颖 | 69 | 86 | 59 | 77 | 72.75 | 291 | 4 |
| | 最高分 | 89 | 92 | 95 | 96 | | | |
| | 最低分 | 53 | 74 | 53 | 54 | | | |
| | 不及格人数 | 1 | 0 | 2 | 1 | | | |
| | 不及格比例 | 16.67% | 0.00% | 33.33% | 16.67% | | | |



图 4.10　引用学籍卡

# 实验三　数据分析与图表创建

## 一、实验学时

2 学时。

## 二、实验目的

- 掌握快速排序、复杂排序及自定义排序的方法。
- 掌握自动筛选、自定义筛选和高级筛选的方法。
- 掌握分类汇总的方法。
- 掌握合并计算的方法。
- 掌握各种图表，如柱形图、折线图、饼图等的创建方法。
- 掌握图表的编辑及格式化的操作方法。
- 掌握快速突显数据的迷你图的处理方法。
- 掌握 Excel 文档的页面设置的方法与步骤。
- 掌握 Excel 文档的打印设置及打印方法。

## 三、相关知识

在 Excel 2016 中，数据清单其实是对数据库表的约定称呼，它与数据库一样，同样是一张二维表，它在工作表中是一片连续且无空行和空列的数据区域。

Excel 2016 支持对数据清单（或数据库表）进行编辑、排序、筛选、分类汇总、合并计算和创建数据透视表等各项数据管理操作。

1. 数据管理

Excel 2016 不但具有数据计算的能力，而且提供了强大的数据管理功能。它可以运用数据的排序、筛选、分类汇总、合并计算和数据透视表等各项处理操作功能，实现对复杂数据的分析与处理。

（1）数据排序

① 快速排序：只对单列进行升序排序或降序排序。

② 复杂排序：通过设置"排序"对话框中的多个排序条件对数据表中的数据内容进行排序。首先按照主关键字排序，对于主关键字相同的记录，则按次要关键字排序，若记录的主关键字和次要关键字都相同时，才按第三关键字排序。排序时，如果要排除第一行的标题行，可选中"数据包含标题"复选按钮，如果数据表没有标题行，则不选中"数据包含标题"复选按钮。

③ 自定义排序：根据自己的特殊需要进行自定义的排序方式。

（2）数据筛选

数据筛选的主要功能是将符合要求的数据集中显示在工作表上，不符合要求的数据暂时隐藏，从而从数据库中检索出有用的数据信息。Excel 2016 中常用的筛选操作有如下几种。

① 自动筛选：进行简单条件的筛选。

② 自定义筛选：提供多条件定义的筛选，在筛选数据表时更加灵活，筛选出符合条件的数据内容。

③ 高级筛选：以用户设定的条件对数据表中的数据进行筛选，可以筛选出同时满足两个或两个以上条件的数据。

④ 撤销筛选：单击"数据"选项卡下"排序和筛选"组中的"筛选"按钮。

（3）分类汇总

在对数据进行排序后，可根据需要对其进行简单分类汇总和多级分类汇总。

**2. 图表创建与编辑**

（1）图表创建

为使表格中的数据关系更加直观，可以将数据以图表的形式表示出来。用户通过创建图表可以更加清楚地了解各个数据之间的关系和数据之间的变化情况，方便对数据进行对比和分析。根据数据特征和观察角度的不同，Excel 2016 提供了包括柱形图、折线图、饼图、条形图、面积图、XY 散点图、股价图、曲面图、圆环图、气泡图和雷达图等 11 类图表供用户选用，每一类图表又有若干个子类型。

在 Excel 2016 中，无论建立哪一种图表，都只需选择图表类型、图表布局和图表样式，便可以很轻松地创建具有专业外观的图表。

（2）图表编辑

① 设置图表"设计"选项。

· 编辑图表中的数据。

· 数据行/列之间的快速切换。

· 选择放置图表的位置。

· 图表类型与样式的快速改变。

② 设置图表"图表布局"选项。

· 设置图表标题。

· 设置坐标轴标题。

· 在图表工具"图表布局"选项卡中的"添加元素"组中设置图表的添加、删除功能或设置图表图例、数据标签、数据表等。

· 设置图表的背景、分析图和属性。

③ 设置图表元素"格式"选项。

单击图表工具"格式"选项卡中的"插入形状"组中的下拉按钮，在展开的列表中可以对图表进行插入形状的相关设置。

（3）快速突显数据的迷你图

Excel 2016 提供了全新的"迷你图"功能，使用该功能，在一个单元格中便可绘制出简洁、漂亮的小图表，并且数据中潜在的价值信息也可以醒目地呈现在屏幕之上。

### 3. 打印工作表

完成对工作表的数据输入、编辑和格式化工作后，就可以打印工作表了。在 Excel 2016 中，表格的打印设置与 Word 文档中的打印设置有很多相同的地方，但也有不同的地方，如打印区域的设置、页眉和页脚的设置、打印标题的设置，以及打印网格线和行号、列号等。

如果只想打印工作表某部分数据，可以先选定要打印输出的单元格区域，再将其设置为"打印区域"，执行"打印"命令后，就可以只打印选定的内容了。

如果想在每一页重复地打印出表头，只需在"打印标题"区的"顶端标题行"编辑栏中输入或用鼠标选定要重复打印输出的行即可。

打印输出之前需要先进行页面设置，再进行打印预览，当对编辑的效果感到满意时，就可以正式打印工作表了。

以上知识点操作可扫描二维码观看视频。

综合案例 3

## 四、实验范例

编辑图 4.11 所示的职员信息表，从中筛选出年龄在 20～30 岁的回族研究生以及藏族的副编审和所有文化程度为大学本科的人员的信息。

操作步骤如下。

（1）新建一个 Excel 文件，输入图 4.11 所示的电子表格数据。

| | A | B | C | D | E | F | G | H | I | J |
|---|---|---|---|---|---|---|---|---|---|---|
| 1 | NO. | 姓名 | 性别 | 民族 | 籍贯 | 年龄 | 文化程度 | 现级别 | 行政职务 | |
| 2 | 1 | 林海 | 男 | 汉 | 浙江杭州 | 48 | 中专 | 职员 | 编审 | |
| 3 | 2 | 陈鹏 | 男 | 回 | 陕西汉中 | 29 | 研究生 | 副编审 | 组长 | |
| 4 | 3 | 刘学丽 | 女 | 汉 | 山东济南 | 47 | 大学本科 | 校对 | 副主任 | |
| 5 | 4 | 黄佳佳 | 女 | 汉 | 河南郑州 | 43 | 大专 | 校对 | 副总编 | |
| 6 | 5 | 许瑞东 | 男 | 汉 | 北京大兴 | 52 | 大学 | 副馆员 | 主任 | |
| 7 | 6 | 王书林 | 男 | 回 | 江苏无锡 | 30 | 大学 | 职员 | 组长 | |
| 8 | 7 | 程浩 | 男 | 汉 | 山东菏泽 | 54 | 大专 | 职员 | | |
| 9 | 8 | 范进 | 男 | 汉 | 四川绵阳 | 47 | 研究生 | 职员 | 编委 | |
| 10 | 9 | 贾晴天 | 女 | 汉 | 辽宁沈阳 | 29 | 研究生 | 编审 | | |
| 11 | 10 | 王希睿 | 男 | 汉 | 辽宁营口 | 32 | 大学肄业 | | | |
| 12 | 11 | 朱逸如 | 女 | 汉 | 福建南安 | 25 | 大学本科 | 编审 | 主任 | |
| 13 | 12 | 夏蕊 | 女 | 满 | 湖北武汉 | 57 | 研究生 | 职员 | | |
| 14 | 13 | 王鹏鹏 | 男 | 藏 | 上海 | 36 | 大学本科 | 馆员 | | |
| 15 | 14 | 王大根 | 男 | 汉 | 新疆哈市 | 42 | 大学 | 副编审 | | |
| 16 | 15 | 胡海波 | 男 | 汉 | 山东聊城 | 23 | 大学本科 | 校对 | 组长 | |
| 17 | 16 | 杨瑞明 | 男 | 汉 | 河南开封 | 25 | 大学本科 | 会计师 | | |
| 18 | | | | | | | | | | |

图 4.11　职员信息表

（2）在表格的上方连续插入 4 个空行，在 A1:E4 区域中输入高级筛选条件，如图 4.12 所示。

（3）首先筛选"年龄在 20～30 岁的回族研究生"，选定 B5 至 I21 数据区域，选择"数据"选项卡→"排序和筛选"组→"筛选"命令，可以看到在各列的右边出现了一个小三角。单击"年龄"右侧的小三角，在出现的下拉列表中选择"数字筛选"→"自定义筛选"命令，会弹出一个"自定义自动筛选方式"对话框,选择"大于或等于"为 20 及"小于或等于"为 30,如图 4.13 所示,单击"确定"按钮即可,筛选结果如图 4.14 所示。

| 年龄 | 年龄 | 民族 | 文化程度 | 现级别 | | | | |
|---|---|---|---|---|---|---|---|---|
| >=20 | <=30 | 回 | 研究生 | | | | | |
| | | 藏 | | 副编审 | | | | |
| | | | 大学本科 | | | | | |
| NO. | 姓名 | 性别 | 民族 | 籍贯 | 年龄 | 文化程度 | 现级别 | 行政职务 |
| 1 | 林海 | 男 | 汉 | 浙江杭州 | 48 | 中专 | 职员 | 编委 |
| 2 | 陈鹏 | 男 | 回 | 陕西汉中 | 29 | 研究生 | 副编审 | 组长 |
| 3 | 刘学丽 | 女 | 汉 | 山东济南 | 47 | 大学本科 | 校对 | 副主任 |
| 4 | 黄佳佳 | 女 | 汉 | 河南郑州 | 43 | 大专 | 校对 | 副总编 |
| 5 | 许瑞东 | 男 | 汉 | 北京大兴 | 52 | 大学 | 副馆长 | 主任 |
| 6 | 王书林 | 男 | 回 | 江苏无锡 | 30 | 大学 | 职员 | 组长 |
| 7 | 程浩 | 男 | 汉 | 山东菏泽 | 54 | 大专 | 职员 | |
| 8 | 范进 | 男 | 汉 | 四川绵阳 | 47 | 研究生 | 职员 | 编委 |
| 9 | 贾晴天 | 女 | 汉 | 辽宁沈阳 | 29 | 研究生 | 编审 | |
| 10 | 王希普 | 男 | 汉 | 辽宁营口 | 32 | 大学肄业 | 编审 | |
| 11 | 朱逸如 | 女 | 汉 | 福建南安 | 25 | 大学本科 | 编审 | 主任 |
| 12 | 夏蕊 | 女 | 满 | 湖北武汉 | 57 | 研究生 | 职员 | |
| 13 | 王鹏鹏 | 男 | 藏 | 上海 | 36 | 大学本科 | 馆长 | |
| 14 | 王大根 | 男 | 汉 | 新疆哈市 | 42 | 大学 | 副编审 | |
| 15 | 胡海波 | 男 | 汉 | 山东聊城 | 23 | 大学本科 | 校对 | 组长 |
| 16 | 杨瑞明 | 男 | 汉 | 河南开封 | 25 | 大学本科 | 会计师 | |

图 4.12　输入高级筛选条件样图

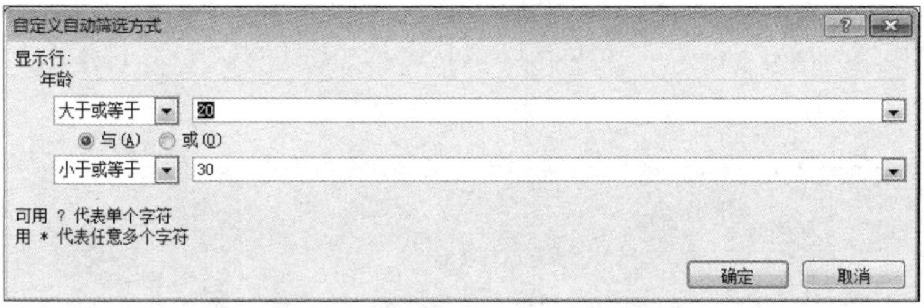

**自定义自动筛选方式**

显示行:
年龄

大于或等于 ▾ 20

◉ 与(A) ○ 或(O)

小于或等于 ▾ 30

可用 ? 代表单个字符
用 * 代表任意多个字符

确定　取消

图 4.13　自定义自动筛选对话框

| 年龄 | 年龄 | 民族 | 文化程度 | 现级别 | | | | |
|---|---|---|---|---|---|---|---|---|
| >=20 | <=30 | 回 | 研究生 | | | | | |
| | | 藏 | | 副编审 | | | | |
| | | | 大学本科 | | | | | |
| No. | 姓名 | 性别 | 民族 | 籍贯 | 年龄 | 文化程 | 现级别 | 行政职 |
| 2 | 陈鹏 | 男 | 回 | 陕西汉中 | 29 | 研究生 | 副编审 | 组长 |
| 6 | 王书林 | 男 | 回 | 江苏无锡 | 30 | 大学 | 职员 | 组长 |
| 9 | 贾晴天 | 女 | 汉 | 辽宁沈阳 | 29 | 研究生 | 编审 | |
| 11 | 朱逸如 | 女 | 汉 | 福建南安 | 25 | 大学本科 | 编审 | 主任 |
| 15 | 胡海波 | 男 | 汉 | 山东聊城 | 23 | 大学本科 | 校对 | 组长 |
| 16 | 杨瑞明 | 男 | 汉 | 河南开封 | 25 | 大学本科 | 会计师 | |

图 4.14　"年龄在 20～30 岁"自定义筛选结果

同理,分别单击"民族"与"文化程度"的下拉列表,进行相应的选择确认即可,筛选后的效果如图 4.15 所示。

| 年龄 | 年龄 | 民族 | 文化程度 | 现级别 | | | | | |
|---|---|---|---|---|---|---|---|---|---|
| >=20 | <=30 | 回 | 研究生 | | | | | | |
| | | 藏 | | 副编审 | | | | | |
| | | | 大学本科 | | | | | | |
| No. | 姓名 | 性别 | 民族 | 籍贯 | 年龄 | 文化程 | 现级别 | 行政职 | |
| 2 | 陈鹏 | 男 | 回 | 陕西汉中 | 29 | 研究生 | 副编审 | 组长 | |

图 4.15　"年龄在 20～30 岁的回族研究生"的筛选结果

(4)取消刚才的筛选,再次用同样的方法筛选"藏族的副编审",可发现无人符合该条件;筛选"所有文化程度为大学本科"的人员的信息,结果如图 4.16 所示。

| | A | B | C | D | E | F | G | H | I |
|---|---|---|---|---|---|---|---|---|---|
| 1 | 年龄 | 年龄 | 民族 | 文化程度 | 现级别 | | | | |
| 2 | >=20 | <=30 | 回 | 研究生 | | | | | |
| 3 | | | 藏 | | 副编审 | | | | |
| 4 | | | | 大学本科 | | | | | |
| 5 | No. | 姓名 | 性别 | 民族 | 籍贯 | 年龄 | 文化程 | 现级别 | 行政职 |
| 8 | 3 | 刘学丽 | 女 | 汉 | 山东济南 | 47 | 大学本科 | 校对 | 副主任 |
| 16 | 11 | 朱逸如 | 女 | 汉 | 福建南安 | 25 | 大学本科 | 编审 | 主任 |
| 18 | 13 | 王鹏鹏 | 男 | 藏 | 上海 | 36 | 大学本科 | 馆员 | |
| 20 | 15 | 胡海波 | 男 | 汉 | 山东聊城 | 23 | 大学本科 | 校对 | 组长 |
| 21 | 16 | 杨瑞明 | 男 | 汉 | 河南开封 | 25 | 大学本科 | 会计师 | |
| 22 | | | | | | | | | |

图 4.16 “所有文化程度为大学本科”的人员筛选结果

（5）仔细观察结果，体会其筛选功能。

一个实验做完了，正常关闭系统，并认真总结实验过程和所取得的收获。

## 五、实验要求

从不同角度分析、比较图表数据，根据不同的管理目标选择不同的图表类型进行分析。

操作步骤如下。

（1）启动 Excel，编辑图 4.17 所示的表格数据，将该表命名为“产品销量情况表”，其中“合计”列要求用函数求出。

D20

| | A | B | C | D | E | F | G | H |
|---|---|---|---|---|---|---|---|---|
| 1 | 产品销量情况表 | | | | | | | |
| 2 | | | | | | | 单位：件 | |
| 3 | | A产品 | B产品 | C产品 | D产品 | E产品 | 合计 | |
| 4 | 一月 | 234 | 530 | 770 | 960 | 2175 | 4669 | |
| 5 | 二月 | 228 | 477 | 765 | 1369 | 1733 | 4572 | |
| 6 | 三月 | 200 | 344 | 793 | 2043 | 2384 | 5764 | |
| 7 | 四月 | 103 | 441 | 845 | 2380 | 2657 | 6426 | |
| 8 | 五月 | 358 | 370 | 852 | 2265 | 2164 | 6009 | |
| 9 | 六月 | 352 | 449 | 871 | 2550 | 1875 | 6097 | |
| 10 | 七月 | 395 | 411 | 726 | 2798 | 1297 | 5627 | |
| 11 | 八月 | 543 | 376 | 913 | 2587 | 2150 | 6569 | |
| 12 | 九月 | 587 | 430 | 902 | 2776 | 1287 | 5982 | |
| 13 | 十月 | 779 | 397 | 913 | 2993 | 1987 | 7069 | |
| 14 | 十一月 | 638 | 408 | 965 | 2672 | 1356 | 6039 | |
| 15 | 十二月 | 698 | 378 | 985 | 2458 | 1873 | 6392 | |
| 16 | 合计 | 5115 | 5011 | 10300 | 27851 | 22938 | 71215 | |
| 17 | | | | | | | | |
| 18 | | | | | | | | |

产品销量表 Sheet2 Sheet3

图 4.17 某企业在一年内各个月各种产品的销量表

（2）利用“图表向导”制作图表，并进行分析。

现在根据下列要求变换图表类型并进行数据分析。

① 分析比较一年来各个月各种产品的销量。选中表格中除“合计”行和列外的所有数据，即选定区域 A3:F15。单击“插入”选项卡“图表”组中相应的图表类型即可完成图表的插入。例如，选择“插入”选项卡→“图表”组→“柱形图”命令，选取“二维柱形图”中的“簇状柱形图”，结果如图 4.18 所示。或者单击工具栏中的“图表向导”命令按钮，根据向导提示，按默认设置完成图表的制作。根据图表即可对各个月的产品销售情况进行分析比较。

② 分析比较一年来各种产品各月的销量。选中图 4.18 所示的图表，再选择“设计”选项卡→“数据”组→“切换行/列”命令，即可得出各种产品在各个月的销量情况，结果如图 4.19 所示。根据图表即可对各种产品各月的销售情况进行分析比较。

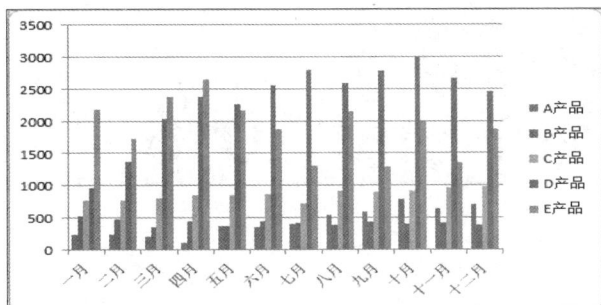

图 4.18　各个月各种产品销量柱形图

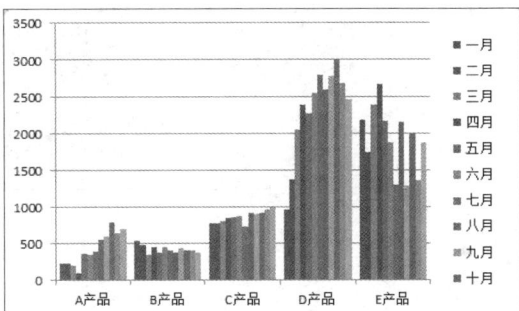

图 4.19　各种产品各月销量柱形图

（3）对数据进行筛选显示。例如，只显示 12 个月中销量超过 6000 件的月份，或者在 12 个月中总销量超过 20000 件的产品。试着上机操作，并观察结果。

（4）保存文件。

# 本章拓展训练

某商场电视机销售季度报表如表 4.2 所示。分别用数据透视表和数据透视图，对该商场电视机的销售情况进行以下统计分析。

（1）统计各销售员销售各种品牌电视机的数量。

（2）统计各销售员的总销售额。

（3）统计各种品牌电视机的总销售额。

（4）统计各库房的总销售额。

（5）通过报表筛选项，可以全部或按月显示以上统计信息。

表 4.2　某商场电视机销售季度报表

| 序号 | 月份 | 销售员 | 品牌 | 库房 | 单价 | 数量 | 销售额 |
|---|---|---|---|---|---|---|---|
| 00001 | 一月 | 张三 | 海信 | 仓库 A | 3268 | 65 | 212420 |
| 00002 | 一月 | 李四 | 海信 | 仓库 A | 2169 | 127 | 275463 |
| 00003 | 一月 | 王五 | 海信 | 仓库 A | 6198 | 11 | 68178 |
| 00004 | 一月 | 张三 | TCL | 仓库 B | 5119 | 36 | 184284 |
| 00005 | 二月 | 张三 | 创维 | 仓库 C | 4688 | 82 | 384416 |
| 00006 | 二月 | 李四 | 创维 | 仓库 C | 2198 | 115 | 252770 |
| 00007 | 二月 | 赵六 | TCL | 仓库 B | 1988 | 54 | 107352 |
| 00008 | 三月 | 张三 | 康佳 | 仓库 C | 3666 | 83 | 304278 |
| 00009 | 三月 | 王五 | TCL | 仓库 B | 5668 | 15 | 85020 |

拓展训练

# 第5章 演示文稿软件 PowerPoint 2016

本章将带领读者学习 PowerPoint 2016 创建、制作、编辑、放映演示文稿的全过程，并进行拓展练习。通过本章的学习，读者可以学会根据需求制作出含文字、图形、图像、声音及视频剪辑等多媒体元素于一体的演示文稿。

## 实验一 演示文稿的创建与修饰

### 一、实验学时

2 学时。

### 二、实验目的

- 学会创建新的演示文稿。
- 学会修改演示文稿中的文字及在演示文稿中插入图片。
- 学会将模板应用在演示文稿上。
- 了解如何在演示文稿中插入声音。
- 学会使用超链接。
- 学会对演示文稿的放映进行设置。

### 三、相关知识

PowerPoint 是一款专门用来制作演示文稿的应用软件，也是 Microsoft Office 系列软件中的重要组成部分。使用 PowerPoint 可以制作出集文字、图形、图像、声音及视频等多媒体元素于一体的演示文稿，让信息以更轻松、更高效的方式表达出来。

PowerPoint 2016 在继承了旧版本优秀特点的同时，明显调整了工作环境及工具按钮，从而更加直观和便捷。此外，PowerPoint 2016 还新增了一些功能和特性，如通过全新的"告诉我你想要做什么"框快速执行操作。

初学者要注意以下几点。

（1）注意条理性

使用 PowerPoint 制作演示文稿的目的，是将要叙述的问题以提纲挈领的方式表达出来，让观众一目了然。一个好的演示文稿应紧紧围绕所要表达的中心思想，划分不同的层次段落，编制文档的目录结构。同时，为了加深印象和理解，这个目录结构应在演示文稿中"不厌其烦"地出现，即在 PowerPoint 文档的开始要全面阐述，以告知本文要讲解的几个要点；在每个不同的内容段之间也要不断出现，并对下文即将要叙述的段落标题给予显著标志，以告知观众现在要转移话题了。

（2）自然胜过花哨

在设计演示文稿时，很多人为了使之精彩纷呈，常常煞费苦心地在演示文稿上大做文章，例如添加艺术字体、变换颜色、穿插五花八门的动画效果等。这样的演示看似精彩，其实往往弄巧成拙，因为样式过多会分散观众的注意力，不好把握内容重点，难以达到预期的演示效果。好的演示文稿要保持淳朴自然、简洁一致，最为重要的是文章的主题要与演示的目的协调配合。

（3）使用技巧实现特殊效果

为了阐明一个问题经常会采用一些图示以及特殊的动画效果，但是在 PowerPoint 的动画中有时也难以满足需求。例如采用闪烁效果说明一段文字时，在演示时文字段落是一闪而过的，观众根本无法看清，为了达到闪烁的效果，还需要借助一定的技巧，组合使用动画效果才能实现。还有一种情况，如果需要在演示文稿中引用其他的文档资料、图片、表格或从某点展开演讲，可以使用超链接。但在使用时一定要注意"有去有回"，设置好返回链接。

## 四、实验范例

### 1. 创建演示文稿

新建演示文稿的方法有多种：用内容提示向导建立演示文稿，系统提供了包含不同主题、建议内容及其相应版式的演示文稿示例，供用户选择；用模板建立演示文稿，可以采用系统提供的不同风格的设计模板，将它套用到当前演示文稿中；用空白演示文稿的方式创建演示文稿，用户可以不拘泥于向导的束缚及模板的限制，发挥自己的创造力制作出独具风格的演示文稿。

演示文稿的创建和保存

（1）新建演示文稿

启动 PowerPoint 2016 后，系统默认新建一个空白演示文稿，用户可以直接利用此空白演示文稿工作。用户也可以自行新建演示文稿，具体操作如下。

单击窗口左上角的"文件"按钮，在弹出的菜单项中选择"新建"，系统会显示"新建"对话框，如图 5.1 所示。在该对话框中用户可以用本机已列出的样本模板（这些模板在第一次使用时会自动从网上下载）或者联机搜索到的模板和主题来创建演示文稿。

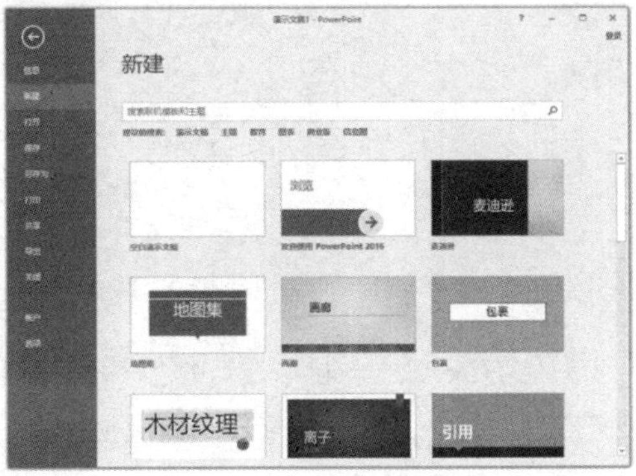

图 5.1　"新建"对话框

① 本机列出的模板

- 空白演示文稿。系统默认的是"空白演示文稿"，这是一个不包含任何内容的空白演示文稿。推荐初学者使用这种方式。
- 样本模板。如图 5.1 中的"欢迎使用 PowerPoint 2016""麦迪逊""地图集"等，选择某项（如"麦迪逊"）后，在后续的对话框中会显示更为详细的模板，如图 5.2 所示。从其中选择一种，再单击"创建"按钮即可。

② 搜索联机模板和主题

在图 5.1 的搜索框中输入某个主题，计算机会连网搜索相关的模板，并在搜索框的下面显示几个建议的主题。单击"教育"（也可以在搜索框中输入"教育"再搜索）按钮，系统连网搜索后会把结果显示出来，如图 5.3 所示，用户从中选择所需要的模板即可。

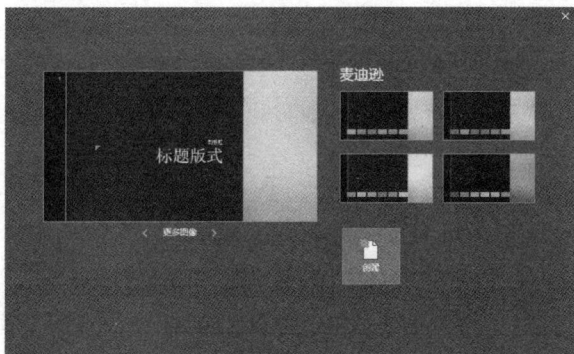

图 5.2 "麦迪逊"模板

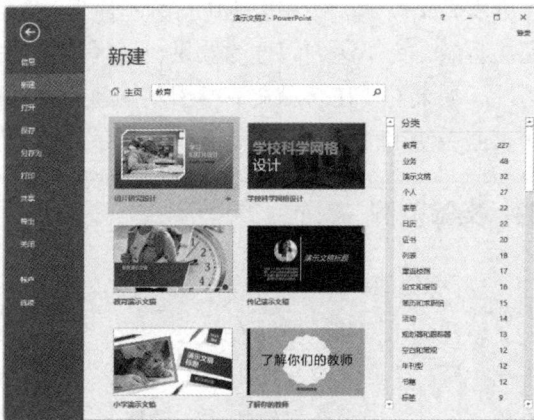

图 5.3 连网搜索到的模板

（2）保存演示文稿

① 通过"文件"按钮

单击窗口左上角的"文件"按钮，在弹出的界面中选择"保存"命令，类似 Word、Excel，如果演示文稿是第一次保存，则系统会显示"另存为"对话框，由用户指定保存文件的位置和名称。需要注意，PowerPoint 2016 生成的文档文件的默认扩展名是".pptx"。这是一个非向下兼容的文件类型，如果希望将演示文稿保存为使用早期的 PowerPoint 版本可以打开的文件，可以选择"文件"→"另存为"命令，在"保存类型"下拉列表中选择其中的"PowerPoint 97-2003 演示文稿"选项。

② 通过快速访问工具栏

直接单击快速访问工具栏中的"保存"按钮 🔲。

③ 通过键盘

直接按<Ctrl+S>组合键。

2. 编辑幻灯片

（1）新建幻灯片

在演示文稿中新建幻灯片的方法有很多，下面主要介绍常用的三种。

① 在大纲视图的末尾按回车键，会立即在演示文稿的结尾出现一张新的幻灯片，该幻灯片直接套用了前面那张幻灯片的版式。

幻灯片的编辑

② 单击"开始"选项卡中的"新建幻灯片"命令按钮。这个按钮分为两部分，若单击上半部分，会直接套用前面那张幻灯片的版式插入一张新的幻灯片，若单击下半部分，会出现一些选择项让用户选择。

③ 通过键盘。直接按<Ctrl+M>组合键。

（2）编辑、修改幻灯片

选择要编辑、修改的幻灯片，选择其中的文本、图表、剪贴画等对象，具体的编辑方法和 Word 类似。

（3）删除幻灯片

① 在幻灯片浏览视图中或大纲视图中选择要删除的幻灯片，然后按<Delete>键。

② 若要删除多张幻灯片，可在窗口左侧的幻灯片列表中（也可切换到幻灯片浏览视图），按<Ctrl>键并单击要删除的幻灯片，然后按<Delete>键即可完成所选幻灯片的"删除"操作。

（4）调整幻灯片位置

可以在除"幻灯片放映"视图以外的任何视图中进行。

① 用鼠标选中要移动的幻灯片。

② 按住鼠标左键的同时拖动鼠标。

③ 将鼠标指针拖动到合适的位置后释放鼠标。在拖动鼠标指针的过程中，普通视图下有一条横线指示幻灯片的位置，在浏览视图时有一条竖线指示了幻灯片的移动目标位置。

此外还可以使用"剪切"和"粘贴"命令来移动幻灯片。

（5）为幻灯片编号

演示文稿创建完后，可以为全部幻灯片添加编号，其操作方法如下。

① 选择"插入"选项卡→"文本"→"页眉和页脚"命令，会出现图 5.4 所示的对话框，在对话框中进行相应的设置即可。

② 在这个对话框中，还可为演示文稿添加备注信息。单击"备注和讲义"选项卡，为备注和讲义添加信息，如日期和时间等。

③ 根据需要，单击"全部应用"或"应用"按钮。

图 5.4　"页眉和页脚"对话框

（6）隐藏幻灯片

用户可以把暂时不需要放映的幻灯片隐藏起来，但这些幻灯片还存在于文档中。

选择"视图"选项卡→"演示文稿视图"→"幻灯片浏览"命令（也可在"普通视图"下的左侧幻灯片列表中），接着单击要隐藏的演示文稿，并选择命令进行相应的"隐藏幻灯片"设置，此时该幻灯片右下角的编号上出现一条斜杠，表示该幻灯片已被隐藏了起来。

若想取消隐藏的幻灯片，可选中该幻灯片，再用右键单击该幻灯片，并在弹出的菜单中选择"隐藏幻灯片"命令。

**3. 在演示文稿中插入各种对象**

（1）插入图片和艺术字对象

① 在普通视图中，选择要插入图片或艺术字的幻灯片。

在演示文稿中插入各种对象

② 根据需要，选择"插入"选项卡→"图像"功能组中合适的选项，如"图片"，找到自己想要的图片插入即可。

插入对象的处理以及工具的使用情况与 Word 相似。

（2）插入表格和图表

① 在普通视图中，选择要插入表格的幻灯片。

② 选择"插入"选项卡→"表格"功能组→"表格"命令，会出现图 5.5 所示的菜单项。

③ 用户在图 5.5 的方格区可直接拖动鼠标直到出现期望的行、列数。也可选择"插入表格"，在出现的对话框中的"行"和"列"框中分别输入所需的表格行数和列数。也可选择"绘制表格"，用鼠标先画出表格的外框，再画里面的表格线。也可选择"Excel 电子表格"，此时，在编辑区会出现一个嵌入的 Excel 电子表格，工具栏也变为了 Excel 的工具栏，表示可对此表格进行"编辑"操作。拖动边框可改变其大小，编辑完成后，单击此 Excel 电子表格以外的区域，则系统会退出对此表的编辑状态，关闭 Excel 工具栏，返回编辑界面。

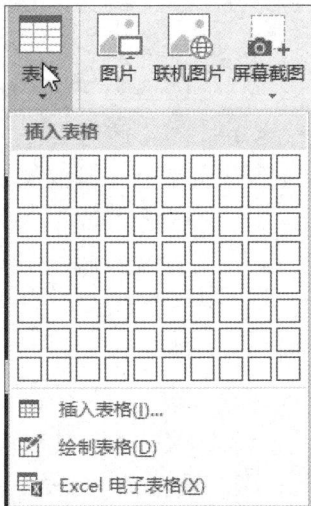

图 5.5 "插入表格"菜单项

④ 如果插入的是图表，选择"插入"选项卡→"插图"功能组→"图表"命令，则会显示"插入图表"对话框，如图 5.6 所示，用户根据需要选择一种图表后单击"确定"按钮。此类图表插入文档后，系统自动启动"Microsoft PowerPoint 中的图表"，在图表的下方以 Excel 表格的方式显示和图表相关的数据，用户可根据需要修改表中的标题和数据。注意，对图表的具体操作和 Excel 中图表的操作相似。

（3）插入层次结构图

① 在普通视图中，选择要插入层次结构图的幻灯片。

② 选择"插入"选项卡→"插图"功能组→"SmartArt"命令，出现图 5.7 所示的"选择 SmartArt 图形"对话框。

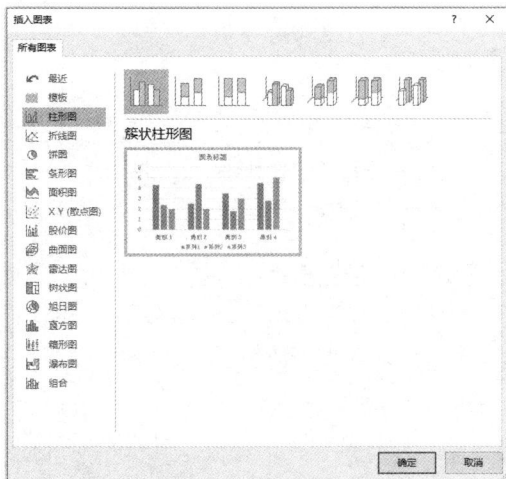

图 5.6 "插入图表"对话框

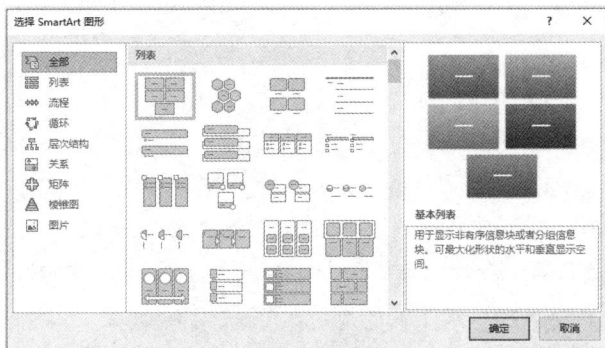

图 5.7 插入层次组织结构图

③ 用户选择一种图形后，单击"确定"按钮。

④ 在编辑界面单击此图，在窗口的工具栏上会显示"SmartArt"，用户可通过其下面的"设计"

和"格式"选项卡对插入的图形进行设计。

对于已插入对象的"删除"操作，可以先选中要删除的对象，然后按<Delete>键。

### 4. 放映演示文稿

放映演示文稿一般有以下几种方式：从头开始放映（功能键是<F5>）、从当前幻灯片开始放映（功能键是<Shift>+<F5>）、以演示者视图放映（功能键是<Alt>+<F5>）。

（1）打开要观看的演示文稿。

（2）选择"幻灯片放映"选项卡→"开始放映幻灯片"功能组内合适的选项即可开始放映，也可直接按功能键启动播放。

（3）单击鼠标连续放映演示文稿，也可通过滚动鼠标轮来放映。在放映的过程中，可单击鼠标右键，从弹出的菜单中选择一些操作。

（4）按<Esc>键退出放映。

### 5. 设置演示文稿的背景

根据前面的实验内容，准备 5 张幻灯片演示文稿，内容自定，然后进行修改演示文稿背景的操作。

背景也是演示文稿外观设计中的一个部分，它包括阴影、模式、纹理、图片等。如果创建的是一个空白演示文稿，可以先为演示文稿设置一个合适的背景；如果是根据模板创建的演示文稿，当其和新建主题不一致时，也可以改变其背景。设置演示文稿背景的方法如下。

（1）新建一个空白演示文稿，选择"设计"选项卡→"变体"功能组右侧的下拉箭头，再选择"背景样式"命令，弹出图 5.8 所示的对话框。

（2）可以直接选中对话框中给出的背景样式，也可以选择"设置背景格式"选项（也可选择"设计"选项卡→"自定义"功能组→"设置背景格式"命令）。

（3）有 4 种填充形式：纯色填充、渐变填充、图片或纹理填充和图案填充。选择一种需要的填充形式，如选择"图片或纹理填充"选项。

图 5.8 "背景样式"对话框

（4）选择了"图片或纹理填充"选项后，如图 5.9 所示，此时的图片可以来自"文件""剪贴板"或"联机"，插入图片后，我们就可以对图片进行"透明度""将图片平铺为纹理"以及位置等的设置。

也可以单击"纹理"按钮插入纹理，其操作类似于插入图片，插入纹理后，还可以进一步对纹理进行设置。

（5）在演示文稿编辑区能够看到效果，如果不太满意效果，可以选择"设置背景格式"任务窗格中的"图片"按钮，通过"预设""清晰度""亮度""对比度"等来调节，也可通过"重新着色"右侧的三角按钮来设置，如图 5.10 所示。

如果要将设置的背景应用于同一演示文稿中的所有演示文稿中，可以在背景设置完后，单击"设置背景格式"任务窗格中的"全部应用"按钮。

如果要对同一演示文稿中的不同幻灯片设计不同的背景，只需选中该幻灯片，并进行上述操作，

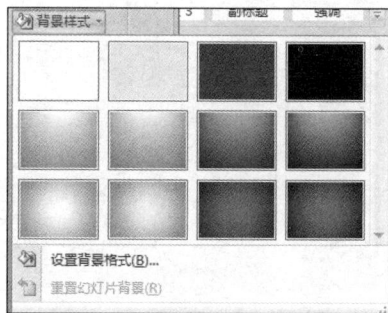

不要单击"全部应用"按钮，使用默认设置就表示只对选中幻灯片进行该背景的应用。图 5.11 所示就是对不同幻灯片应用不同的背景。

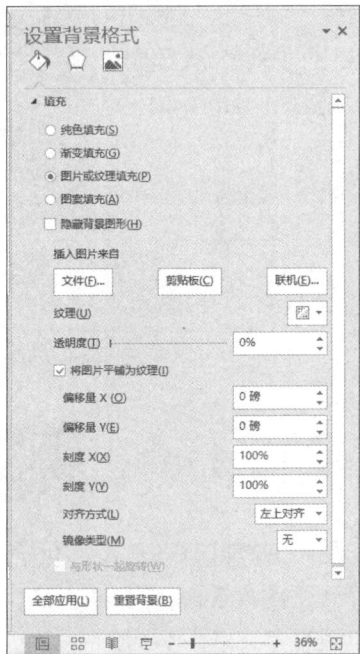

图 5.9 "设置背景格式"任务窗格

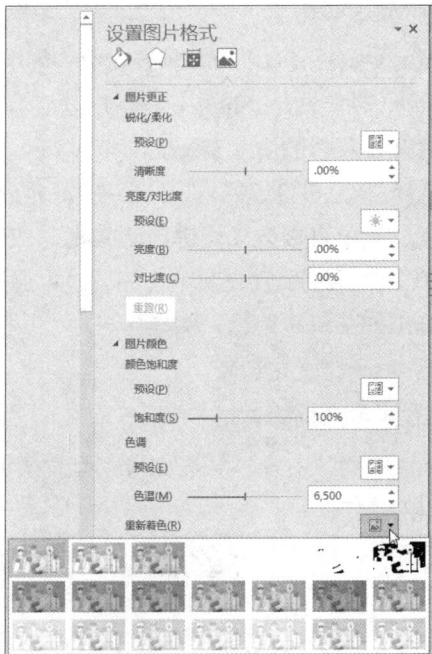

图 5.10 设置重新着色

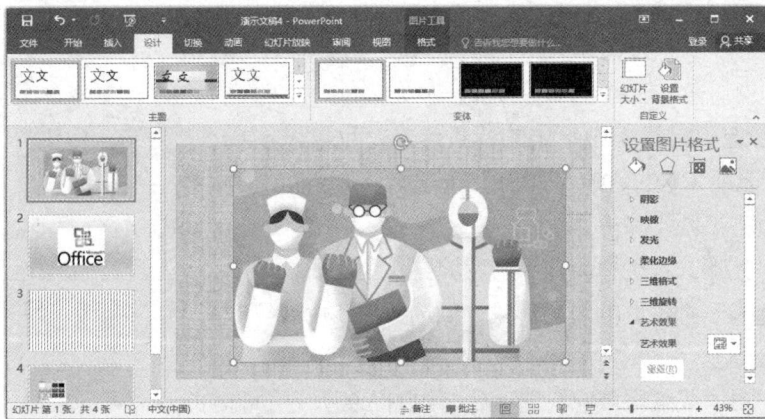

图 5.11 设置演示文稿的不同背景

## 五、实验要求

### 任务一 设计中国传统节目介绍演示文稿

【操作要求】

（1）演示文稿不能少于 5 张幻灯片。

（2）第一张幻灯片是"标题幻灯片"，其中副标题中的内容必须是本人的信息，包括"姓名、专业、年级、班级、学号、考号"。

（3）其他幻灯片中要包含与题目要求相关的文字、图片或艺术字。

（4）除"标题幻灯片"外，每张幻灯片上都要显示页码。

（5）选择至少两种"主题"或"背景"对文件进行设置。

### 任务二　设计神舟九号载人航天飞行演示文稿

【操作要求】

（1）演示文稿不能少于 10 张幻灯片。

（2）第一张幻灯片是"标题幻灯片"，其中副标题中的内容必须是本人的信息，包括"姓名、专业、年级、班级、学号、考号"。

（3）其他幻灯片中要包含与题目要求相关的文字、图片或艺术字。

（4）除"标题幻灯片"外，每张幻灯片上都要显示页码。

（5）选择一种"主题"或"背景"对文件进行设置。

# 实验二　动画效果设置

## 一、实验学时

2 学时。

## 二、实验目的

- 掌握在演示文稿上自定义动画的方法。
- 掌握在演示文稿上插入声音和视频的方法。

## 三、相关知识

在 PowerPoint 2016 中，用户可以通过选择"动画"选项卡中"动画"选项组中的命令为幻灯片上的文本、形状、声音和其他对象设置动画，这样就可以突出重点，控制信息的流程，并提高演示文稿的趣味性。

### 1. 快速预设动画效果

首先将演示文稿切换到普通视图，单击需要增加动画效果的对象，将其选中，然后单击"动画"选项卡，再根据自己的爱好选择"动画"功能组中合适的效果项。如果想观察所设置的各种动画效果，可以单击"动画"菜单上的"预览"中的选项，演示动画效果。

### 2. 添加动画

在幻灯片中，选中要添加自定义动画的项目或对象，单击"动画"选项卡中的"添加动画"命令按钮，系统会弹出"添加动画"窗格，单击"进入"类别中的"旋转"选项，结束自定义动画的初步设置，如图 5.12 所示。

图 5.12　"添加动画"窗格

73

为幻灯片项目或对象添加了动画效果后，该项目或对象的旁边会出现一个带有数字的彩色矩形标志，此时用户还可以对刚刚设置的动画进行修改。例如，修改触发方式、持续时间等。

当为同一张幻灯片中的多个对象设定了动画效果后，它们之间的顺序还可以通过"对动画重新排序"中的"向前移动"或"向后移动"命令进行调整。

3. 插入声音和视频

首先将想用作背景音乐的音频文件下载至计算机，然后选择"插入"选项卡→"媒体"功能组→"音频"命令，系统会显示"PC 上的音频""录制音频"，选择"PC 上的音频"命令，找到下载好的音频文件后单击"插入"命令，即可将自己喜欢的音频文件作为背景音乐插入幻灯片的放映中。当然用户也可以选择"录制音频"命令（选择此功能时，计算机必须有配套的录音设备）随时录制一段音频插入文件中。

然后选中该音频图标，此时系统会自动出现一个"音频工具"选项卡，如图 5.13 所示，用户通过"音频工具"选项卡可以对插入的音频文件进行预览、编辑、设置音频选项、设置音频样式等操作。

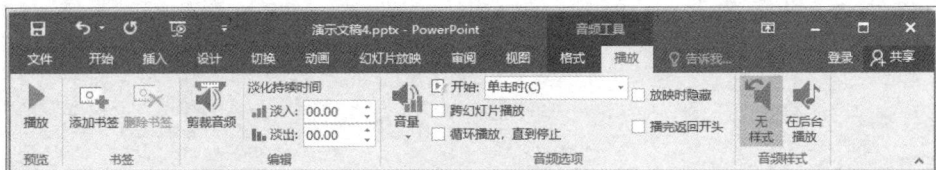

图 5.13 "音频工具"选项卡

插入视频文件的操作与插入音频基本一致，选择"插入"选项卡→"媒体"功能组→"视频"命令，系统会显示"联机视频""PC 上的视频"。例如，选择添加一个"PC 上的视频"，此时系统会打开"插入视频文件"对话框，在用户选择了一个要插入的视频文件后，系统在幻灯片上会出现该视频文件的窗口，用户可以像编辑其他对象一样改变它的大小和位置。选中该视频图标后，用户还可以通过"视频工具"对插入的视频文件的播放、音量等进行设置。完成设置之后，该视频文件会按照前面的设置，在放映幻灯片时播放。

## 四、实验范例

1. 设置幻灯片切换效果

幻灯片的切换是指当前幻灯片以何种形式从屏幕上消失，以及下一页以怎样的形式出现在屏幕上。设置幻灯片的切换效果，可以使幻灯片以多种不同的形式出现在屏幕上，并且可以在切换时添加声音，从而增加演示文稿的趣味性。用户可以为一组幻灯片设置同一种切换方式，也可以为每一张幻灯片设置不同的切换方式。

设置幻灯片切换方案如下。

（1）选择要设置切换方式的幻灯片，选择"切换"选项卡→"切换到此换灯片"功能组中的某一种切换方式，如图 5.14 所示。每选择一种切换方式，其右边"效果选项"的内容都会随之改变，用户可进一步进行切换效果的设置。

（2）然后可以在"切换"选项卡的"计时"功能组中再选择切换的"声音"和"持续时间"，如

幻灯片切换
效果的设置

"风铃"声，时间可以自定。如果在此设置中没有选择"全部应用"，则前面的设置只对选中的幻灯片有效。

图 5.14　设置幻灯片切换方式

（3）用户可设置幻灯片的"换片方式"是"单击鼠标时"或"设置自动换片时间"。若二者都选择了，则表示在时间没有到的情况下，单击鼠标也可以换片。

**2. 自定义对象效果**

在 PowerPoint 中，除了能够快速地进行幻灯片切换动画外，还能够自定义动画。所谓自定义动画就是指为幻灯片内部各个对象设置动画。

添加自定义动画效果的方法如下。

（1）选择幻灯片中需要设置动画效果的对象，打开图 5.12 所示的对话框。

（2）单击对话框中的"其他动作路径"，打开图 5.15 所示的对话框，在对话框中选择相应的动画效果即可。

在给演示文稿中的多个对象添加动画效果时，添加效果的顺序就是演示文稿放映时的播放次序。当演示文稿中的对象较多时，难免会在添加效果时使动画次序产生错误，这时可以在动画效果添加完成后，再对其进行调整。选择"动画"选项卡→"高级动画"功能组→"动画窗格"命令，会打开"动画窗格"对话框，如图 5.16 所示。

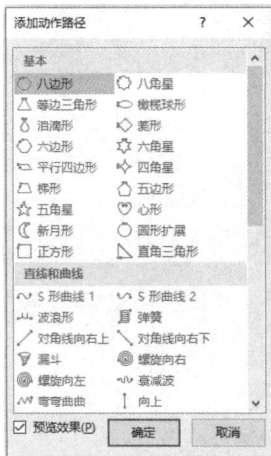

图 5.15　"添加动作路径"对话框

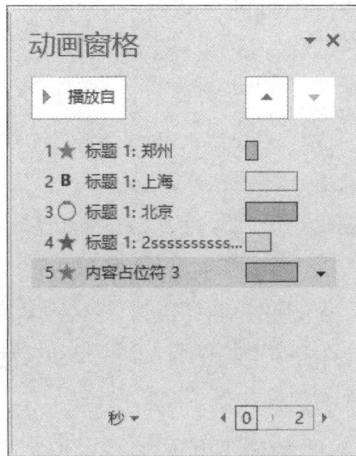

图 5.16　"动画窗格"对话框

每一个动画在动画窗格中显示为一行内容时，这行内容从左到右分别是：动画的顺序、动画相应的图案、对象内容、持续时间。

① 在"动画窗格"的动画效果列表中，单击需要调整播放次序的动画效果。单击"上移"按钮或"下移"按钮来调整该动画的播放次序。单击"上移"按钮表示将该动画的播放次序提前一位，单击"下移"按钮表示将该动画的播放次序后移一位。

② 选中某个动画效果，按<Delete>键可把该动画效果删除。也可从鼠标右键的快捷菜单中选择"删除"命令来删除某个动画效果。

③ 通过拖动某个动画的矩形标志（如 ▭）的左右两个边框，可以设置此动画的开始和结束时间，矩形的宽度代表了此动画持续的时间长短。

④ 双击某个动画行，会打开一个有关此动画更为详细的设置，图 5.17 所示是"加粗显示"设置对话框。不同动画对应的设置项是不一样的。

⑤ 单击窗格顶部的"播放"按钮就可以播放动画了。

图 5.17　"加粗显示"设置对话框

3. 设置超链接

在 PowerPoint 中，超链接是指从一张幻灯片到另一张幻灯片、一个网页或一个文件的连接。超链接本身可能是文本或对象（例如，图片、图形、形状或艺术字）。表示超链接的文本用下画线显示，图片、形状和其他对象的超链接没有附加格式。需要掌握编辑超链接、删除超链接、编辑动作链接三个操作。此操作与 Word 中的操作相似，这里不再赘述。

超链接的设置

## 五、实验要求

### 任务一　以环保为主题设计一个宣传片

【操作要求】

（1）演示文稿不能少于 10 张幻灯片。

（2）第一张幻灯片是"标题幻灯片"，其中副标题中的内容必须是本人的信息，包括"姓名、专业、年级、班级、学号、考号"。

（3）其他幻灯片中要包含与题目要求相关的文字、图片或艺术字，并且这些对象要通过"添加动画"进行设置。

（4）除"标题幻灯片"外，每一张幻灯片上都要显示页码。

（5）选择一种"主题"或者"背景"对幻灯片进行设置。

（6）设置每张幻灯片的切入方法（至少使用三种）。

（7）要求使用超链接，顺利地进行幻灯片跳转。

（8）幻灯片的整体布局合理、美观大方。

### 任务二　设计一个看过的电影或电视剧海报

【操作要求】

（1）演示文稿不能少于 10 张幻灯片。

（2）第一张幻灯片是"标题幻灯片"，其中副标题中的内容必须是本人的信息，包括"姓名、专业、年级、班级、学号、考号"。

（3）其他幻灯片中要包含与题目要求相关的文字、图片或艺术字，并且这些对象要通过"添加动画"进行设置。

（4）除"标题幻灯片"外，每张幻灯片上都要显示页码。

（5）选择一种"主题"或者"背景"对幻灯片进行设置。

（6）设置每张幻灯片的切入方式（至少使用三种）。

（7）要求使用超链接，顺利地进行幻灯片跳转。

（8）幻灯片的整体布局合理、美观大方。

# 实验三　文件的保存与导出

## 一、实验学时

1 学时。

## 二、实验目的

- 掌握多种格式文件的保存方法。
- 掌握导出的相关功能。

## 三、相关知识

### 1. 文件的"另存为"功能

PPT 文件制作完成之后，用户一般都习惯将之保存为.pptx 格式（演示文稿），其实，还有很多保存格式可供用户选择。在保存文件时，选择"另存为"命令，可以看到在弹出的"另存为"对话框的"保存类型"中提供了多种保存的格式，如.ppsx，.potx，.rtf 等。如果将它们巧妙地加以利用，就能满足用户的一些特殊需要。

### 2. 文件的"导出"功能

PowerPoint 除了上述的"另存为"命令可以把文件保存为其他类型外，也可以使用"文件"→"导出"功能把 PowerPoint 制作的文档转换为更多类型的文件，如.mp4 或.wmv，还可以打包等，以提高文档使用的方便程度。

## 四、实验范例

### 1. PowerPoint 的各种保存格式

用户不但可以将 PowerPoint 文件保存为默认的.pptx 格式（演示文稿），还可以将之保存为其他格式。方法是：选择"文件"→"另存为"命令，将弹出图 5.18 所示的对话框。然后单击"保存类型"下拉列表框，会出现图 5.19 所示的下拉列表。下面介绍几种常用的保存格式。

（1）保存为放映格式

PPT 文件制作完后，可将其保存为"PowerPoint 放映"（扩展名为.ppsx），双击文件图标就可直接放映文件，而不再出现幻灯片编辑窗口。这样保存具有如下优点。

① 操作方便，省略了打开 PowerPoint、启动放映的烦琐步骤。

② 可以避免放映时由于操作不慎等原因而将后面的演示内容提前"曝光"。

③ 可以避免 PPT 文件内容因他人意外改动而导致"面目全非"（这一点在公用计算机上显得尤其重要）。也许大家会担心这样保存之后无法再进一步修改，其实尽可放心，解决的对策有两个：一个是再保存一份 PPT 演示文稿作为副本，另一个是将 PPSX 放映文件在 PowerPoint 中打开，则编辑窗口就又出现了。

图 5.18 "另存为"对话框

图 5.19 "保存类型"下拉列表

（2）保存为设计模板

如果要制作同种风格类型的 PPT 文件，而 PowerPoint 提供的设计模板又不太适合用户的需要时，用户可以精心设计一个幻灯片，然后将之保存为 PowerPoint 模板（扩展名为.potx），这样，以后再制作同类幻灯片时，就可以随时调用该 PowerPoint 模板了。

（3）保存为大纲/RTF 文件

如果只想把 PPT 文件中的文本部分保存下来，可以把 PPT 文件保存为大纲/RTF 文件。RTF 格式的文件可以用 Word 等软件打开，非常方便。但有一点需要注意，用这种方法只能保存添加到文本占位符（即在幻灯片各版式中用虚线圈出的用于添加文本的方框）中的文本，而自己插入的文本框中的文本以及艺术字则无法保存。

（4）保存为图片

PowerPoint 也能当成图像编辑软件。在 PowerPoint 中，调整图片格式、组合图片、添加文本都是极方便、极容易的。更可贵的是，它还提供了各种背景样式、自选图形以及大量的艺术字效果（用专业图像编辑软件制作这些特效字往往很麻烦）。同时，它还可以轻松实现对象的移动、缩放、旋转、翻转等操作。待用户满意之后，再把幻灯片保存为图片格式就可以了。此外，PowerPoint 还提供了多种图片的保存格式，如 GIF、JPEG、BMP、PNG 等，用户可以根据实际需要进行选择。同时，用户还可以选择是输出全部幻灯片，还是只输出当前幻灯片。如果是输出全部幻灯片，保存后的图片会统一放在同一个文件夹里。利用这种方法我们还可以把重要的 PPT 文件另存为图片，以备他用。

2. PowerPoint 的导出功能

下面我们来讲解"导出"功能中的"创建视频""将演示文稿打包成 CD"和"创建讲义"命令。

（1）创建视频

创建视频就是把演示文稿导出为视频。此功能是把整个 PPT 按照已完成的各种设置转换成视频格式（.mp4 或.wmv），在播放此视频文件时，就像在观看幻灯片的播放一样。

选择"文件"→"导出"→"创建视频"命令，打开"创建视频"对话框，如图 5.20 所示，图中会提示将要生成的视频包含的内容，让用户对演示文稿的质量、计时、旁白、放映每张幻灯片的秒数进行设置，之后单击"创建视频"图标，则系统会创建一个视频文件。

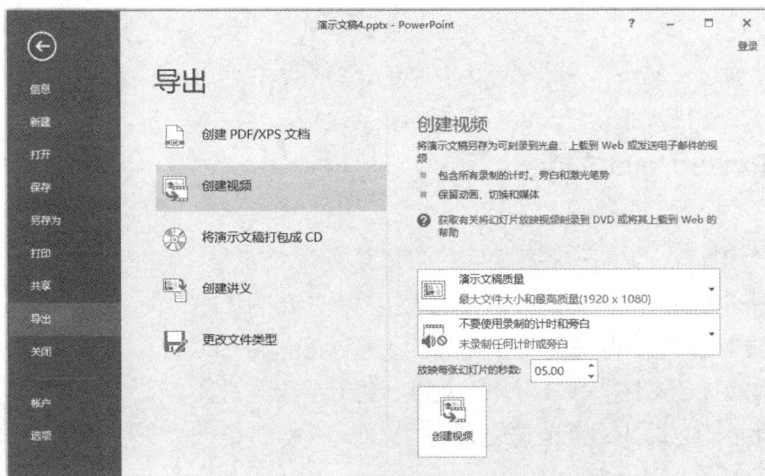

图 5.20　"创建视频"对话框

以后想要播放幻灯片，只需播放此视频文件即可，这样在播放的计算机上不需要 PowerPoint 软件的支持，极大地方便了 PPT 的推广和使用。

（2）将演示文稿打包成 CD

此功能是创建一个包，以便其他人可以在大多数计算机上观看此演示文稿。这个包的内容包括：链接或嵌入的项目，如视频、声音和字体；添加到包的所有其他文件。

选择"文件"→"导出"→"将演示文稿打包成 CD"命令，打开"打包成 CD"对话框。若计算机上有 CD 设备，系统会直接把上述内容"复制到 CD"上，若计算机上没有 CD 设备，则系统会建立一个文件夹（名字是"***CD"），此文件夹会包括上述内容，以方便用户下一步的"复制"操作。

（3）创建讲义

创建讲义就是把 PowerPoint 制作的文档转换为 Word 文档。如果想把 PPT 文件中每张幻灯片的图像、音频、视频等内容显示在 Word 中，可以把它保存为 Word 文档（.docx）。选择"文件"→"导出"→"创建讲义"命令，在打开的对话框中选择"Microsoft Word 使用的版式"和"将幻灯片添加到 Microsoft Word 文档"的方式是"粘贴"或是"粘贴链接"，单击"确定"按钮后系统会生成一个 Word 文档。在 Word 中可以看到每张幻灯片的预览效果，而且用这种方法还可以将幻灯片备注也一并发送过来。最后，把文件保存为 Word 文档就可以了。

在 Word 文档中，每张幻灯片都是以对象形式嵌入的，需要修改某张幻灯片时，只需要双击该幻灯片对象，系统就会自动显示 PowerPoint 工具栏，用户此时就可以利用工具栏对幻灯片进行编辑了。编辑完后，单击此对象外的 Word 区域，则 PowerPoint 工具栏会自动消失，并返回到 Word 编辑界面。

## 五、实验要求

### 任务一　把 PowerPoint 文档另存为多种格式文件

【操作要求】

（1）制作一个幻灯片文件，内容自定（也可以是实验二的文件）。

（2）将该文件通过"文件"→"另存为"功能，将其保存为".potx"文件。

（3）将该文件通过"文件"→"另存为"功能，将其保存为".ppsx"文件。

（4）将该文件通过"文件"→"另存为"功能，将其保存为".rtf"文件。

（5）将该文件通过"文件"→"另存为"功能，将其保存为".jpg"文件。

（6）分别打开上述格式的文件，查看它们的不同之处。

### 任务二　把 PowerPoint 文档导出

【操作要求】

（1）制作一个幻灯片文件，内容自定（也可以是实验二的文件）。

（2）将该文件通过"文件"→"导出"功能，将其导出为视频文件。

（3）将该文件通过"文件"→"导出"功能，将其打包为 CD。

（4）将该文件通过"文件"→"导出"功能，将其导出为讲义。

（5）分别打开上述的文件，查看它们的不同之处。

# 本章拓展训练

综合实例：制作一个"计算机发展简史"的演示文稿。

要求：先从网上搜索素材，然后分析整理，并根据需求提取相关信息引用到 PowerPoint 文档中，在文档中完成设置主题、插入各种对象并编辑、设置动画及链接、设置放映、打包输出等操作。

拓展训练

PPT 中常用的
快捷键

# 06 第6章 多媒体技术及应用

主教材第 6 章以 Photoshop 软件为例，讲述了图像处理软件的使用方法。本章通过讲解 Photoshop 的基本操作和高级操作实验，使读者进一步了解 Photoshop 的操作方法。

## 实验一 Photoshop 的基本操作

### 一、实验学时

2 学时。

### 二、实验目的

- 熟悉 Photoshop 的操作界面，掌握使用 Photoshop 进行图像处理的操作方法。
- 掌握 Photoshop 的简单操作方法，将多张图片合成为一张图片。
- 掌握使用 Photoshop 给图片换背景色的方法。

### 三、相关知识

Adobe Photoshop 是 Adobe 公司开发的图像处理软件，主要处理以像素构成的数字图像。使用 Photoshop 众多的编修与绘图工具，用户可以有效地进行图片编辑工作。Photoshop 有很多功能，涉及图像、图形、文字、视频、出版等各个方面。Photoshop 支持的系统有 Windows、Android 与 macOS，Linux 操作系统的用户可以通过使用 Wine 来运行 Adobe Photoshop。

Photoshop 软件具有如下特点。

（1）操作简单

用户轻击鼠标就可以选择一个图像中的特定区域，轻松选择毛发等细微的图像元素，消除选区边缘周围的背景色，使用新的细化工具自动改变选区边缘并改进蒙版。

（2）出色的 HDR 成像

借助前所未有的速度、控制和准确度创建写实的或超现实的 HDR（High Dynamic Range，高动态范围）图像。借助自动消除叠影以及对色调映射和调整的控制，用户可以获得更好的效果，甚至可以令单次曝光的照片获得 HDR 的外观。

（3）原始图像处理

使用 Adobe Photoshop Camera Raw 增效工具可无损消除原始图像的噪声，同时保留颜色和细节；还可增加颗粒感，使数字照片看上去更自然。

（4）出众的绘图效果

借助混色器画笔（提供画布混色）和毛刷笔尖（可以创建逼真、带纹理的笔触），将照片轻松转变为绘图或创建独特的艺术效果。

（5）操控变形

对任何图像元素进行精确的重新定位，创建出视觉上更具吸引力的照片。

（6）自动镜头校正

镜头扭曲、色差和晕影自动校正可以更节省时间。Photoshop 使用图像文件的 EXIF 数据，根据使用的相机和镜头类型做出精确地调整。

（7）高效的工作流程

由于 Photoshop 大量功能的增强，可以大大提高用户的工作效率和增加用户的创意灵感。如从屏幕上的拾色器拾取颜色，同时调节许多图层的不透明度等。

（8）简单的用户界面管理

用户可使用可折叠的工作区切换器，在喜欢的用户界面配置之间实现快速导航和选择。实时工作区会自动记录用户界面的更改，当切换到其他程序再切换回来时面板仍保持在原位。

（9）出众的黑白转换

可设置各种黑白外观。既可以使用集成的 Lab B&W Action 交互转换彩色图像，又可以轻松、快捷地创建绚丽的 HDR 黑白图像，还可尝试各种新预设。

## 四、实验范例

### 1. 两张图片合为一张

本次实验使用 Photoshop 把两张图片合成一张。合成之前的图片如图 6.1 和图 6.2 所示，合成之后的图片如图 6.3 所示。

两张图片合为
一张

| 图 6.1　大海图片 | 图 6.2　蓝天图片 | 图 6.3　蓝天大海合成之后的图片 |

具体的制作过程如下。

（1）打开 Photoshop，选择"文件"→"打开"命令（也可以按<Ctrl+O>组合键），打开"文件选择"窗口。

（2）在打开的"文件选择"窗口中，找到并选中需要合并的两张图片"大海.jpg"和"蓝天.jpg"，然后单击"打开"按钮，将图片导入 Photoshop 中，如图 6.4 所示。

图 6.4　在 Photoshop 中打开两张图片

（3）在菜单栏中选择"图像"→"图像大小"命令，将打开"图像大小"对话框，在其中可以查看两张图片的尺寸，如图 6.5 所示。

（a）设置蓝天图像大小

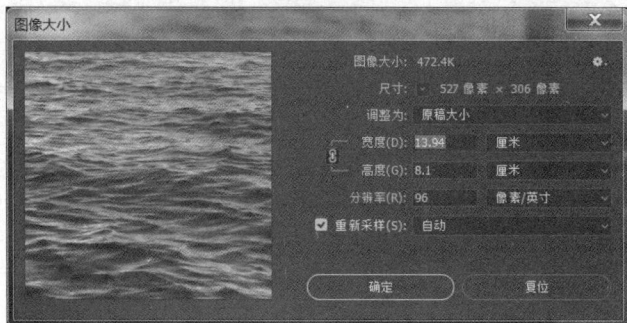

（b）设置大海图像大小

图 6.5　"图像大小"对话框

（4）选择图片"蓝天"，单击菜单栏"图像"下的"画布大小"命令，在弹出的"画布大小"对话框中，修改好高度参数（可以设置大一点）。然后单击定位后的九宫格方框中第一行中的任意一个小方框。最后单击"确定"按钮，如图 6.6 所示。

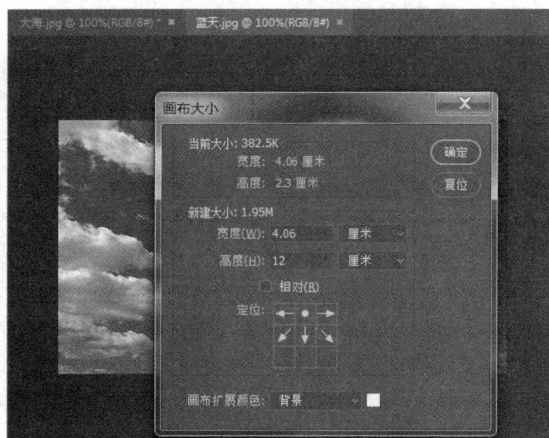

图 6.6　设置蓝天画布大小

（5）选中另外一张图片"大海"，在右侧"图层"面板中将鼠标移动到右下角的"背景"图层上并单击鼠标右键选择"复制图层"，如图 6.7 所示。在"复制图层"的对话框中，单击目标文档后面的选择按钮，选中另外一张图片所在的"文档"，然后再单击"确定"按钮，如图 6.8 所示。

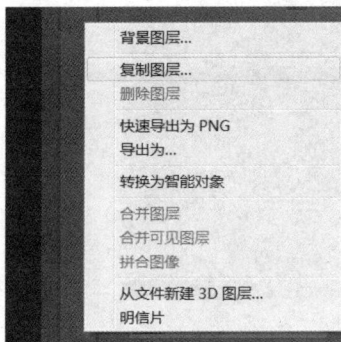

图 6.7　复制图层

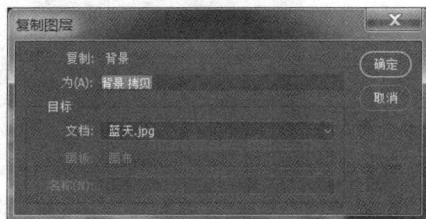

图 6.8　设置复制图层的目标文档

（6）返回到另一张图片，可以看到它多了一个"背景 副本"的图层。按<Ctrl+T>组合键，将鼠标移动到图片边缘再按下左键，并移动鼠标来变换图像的大小，尺寸调整完后按<Enter>键即可。之后，再将调好尺寸的图片拖动到合适的位置，如图 6.9 所示。

（7）如果画布超出了图片的范围，可单击左侧的"裁剪工具"，然后拖动鼠标选择需要留下的图片区域，最后再按<Enter>键。最终效果如图 6.3 所示。

（8）按<Ctrl+S>组合键，在"另存为"窗口中选择图片保存的位置。设置好图片名，并在保存类型中选择 JPEG 格式，最后单击"保存"按钮。

2．单色背景的简单抠图

（1）打开软件 Photoshop，然后选择"文件"→"打开"命令，找出并打开要抠取的图片，选择工具栏中的魔棒工具，设置好容差，然后单击背景，把背景选取出来，如图 6.10 所示。

单色背景的
简单抠图

图 6.9　合并图片

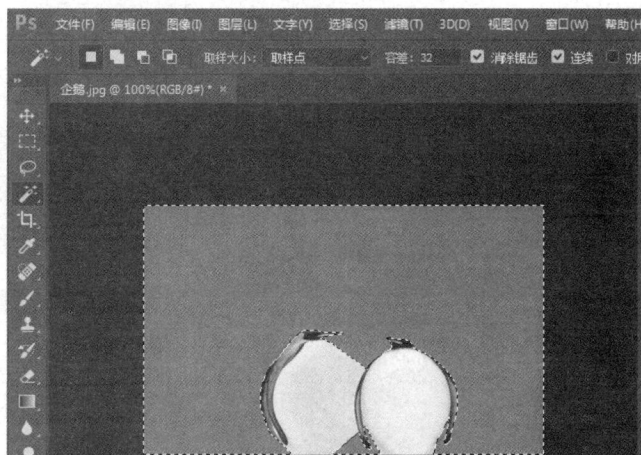

图 6.10　用魔棒工具选取背景

（2）选择"选择"→"修改"→"扩展"命令，打开"扩展选区"对话框，将"扩展量"设为 1，这样选出的图片不带背景色的边。如图 6.11 所示。接着按<Ctrl + Shift + I>组合键进行反选，如图 6.12 所示。

图 6.11　设置扩展量

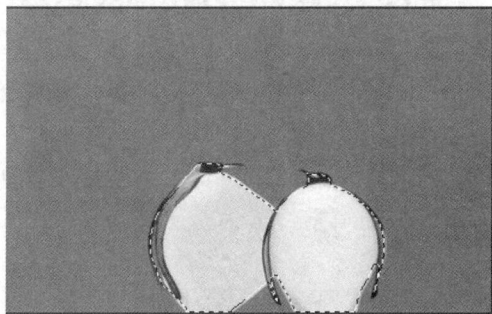

图 6.12　反选选区

（3）在右侧的图层面板中双击图层，对图层进行解锁，然后单击下面的"添加图层蒙版"按钮，加上图层蒙版，实际上就是把背景色用蒙版盖住了，效果如图 6.13 和图 6.14 所示。

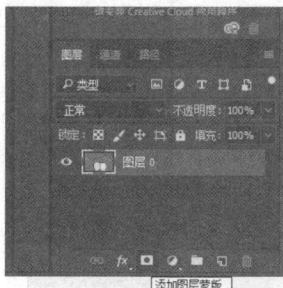

图 6.13　解锁图层和添加蒙版

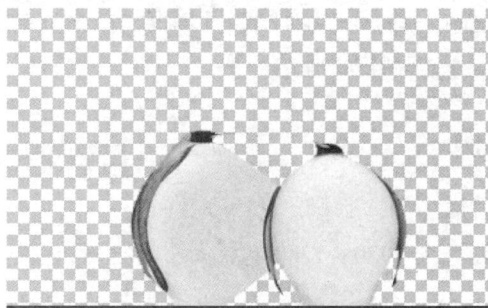

图 6.14　添加蒙版后效果

（4）在 Photoshop 中打开一个素材 bj.jpg，如图 6.15 所示，然后在企鹅图层面板中用鼠标右键单击图层并选择复制图层，在打开的"复制图层"对话框中设置目标文档为刚刚打开的素材 bj.jpg，如图 6.16 所示，把抠出来的企鹅复制过去，再加上文字，最终效果如图 6.17 所示。

图 6.15　打开素材 bj.jpg　　　　图 6.16　复制图层　　　　图 6.17　合成效果

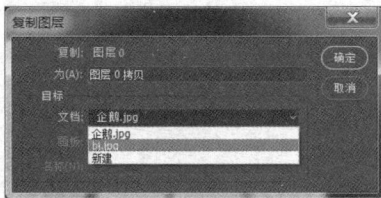

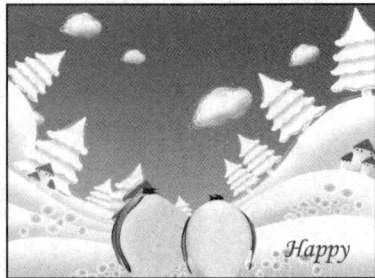

## 五、实验要求

按照上述实例完成以下两个任务。

（1）制作一个证件照的蓝底和红底照片。

（2）制作一个自己喜欢的名片。

# 实验二　Photoshop 的高级操作

## 一、实验学时

2 学时。

## 二、实验目的

- 掌握 Photoshop 的基本工具的使用方法。
- 掌握 Photoshop 图层的功能。

## 三、相关知识

图层功能是 Photoshop 处理图像的基本功能，也是 Photoshop 中很重要的一部分。图层就像玻璃纸，每张玻璃纸上都有一部分图像，将这些玻璃纸重叠起来就是一幅完整的图像，而修改一张玻璃纸上的图像不会影响其他图像。

## 四、实验范例

制作复古风的字体海报，具体步骤如下。

（1）新建一个 1920×1280 像素大小的画布，将其背景色填充为#C7C2B8。双击背景图层，将其解锁，然后再次双击背景图层，打开"图层样式"对话框，设置参数如图 6.18～图 6.20 所示。在"图案叠加"中用的图案是图案库中"艺术表面"的"纱布"图案。最终的设置效果如图 6.21 所示。

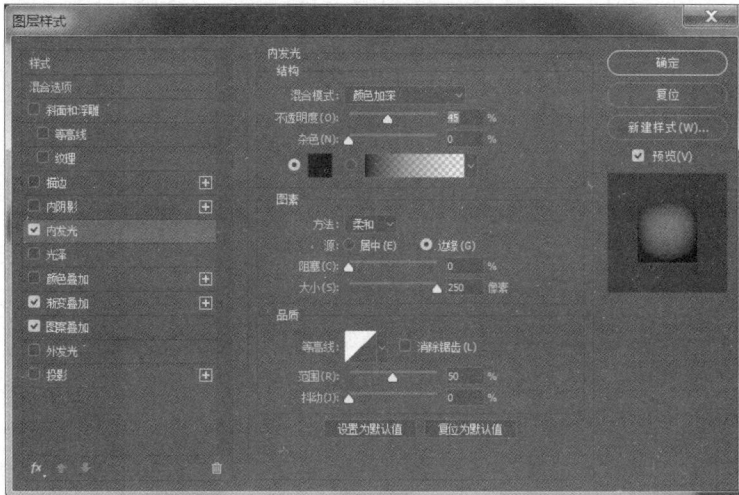

图 6.18　设置内发光

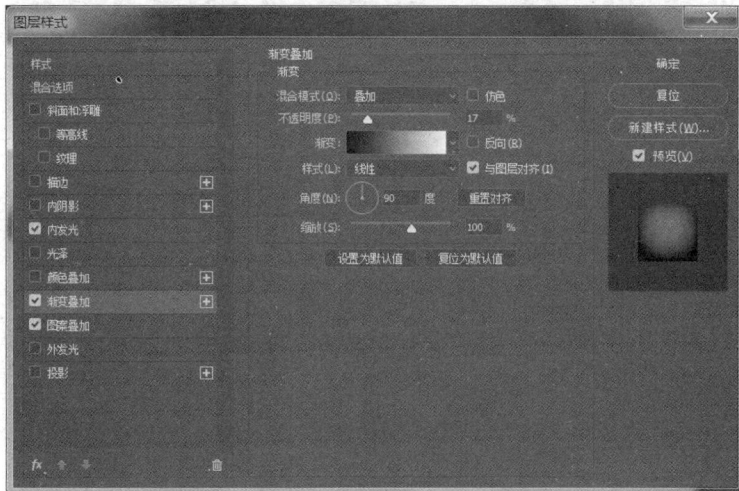

图 6.19　设置渐变叠加

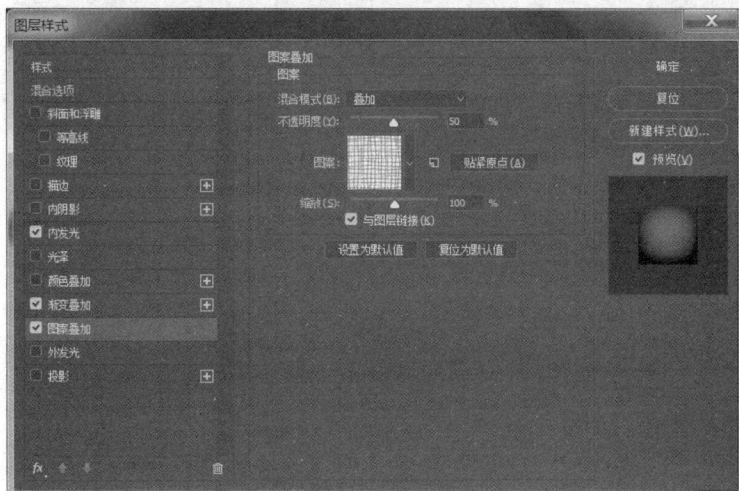

图 6.20　设置图案叠加

图 6.21 新建图层的设置效果

（2）选择文字工具，创建标题文本，字体颜色设置为#765555，字号设置为 60 点的华文隶书字体。对标题文本设置图层样式，如图 6.22～图 6.25 所示，"图案叠加"中的图案是图案库中"艺术表面"的"厚织物"图案，最终的设置效果如图 6.26 所示。

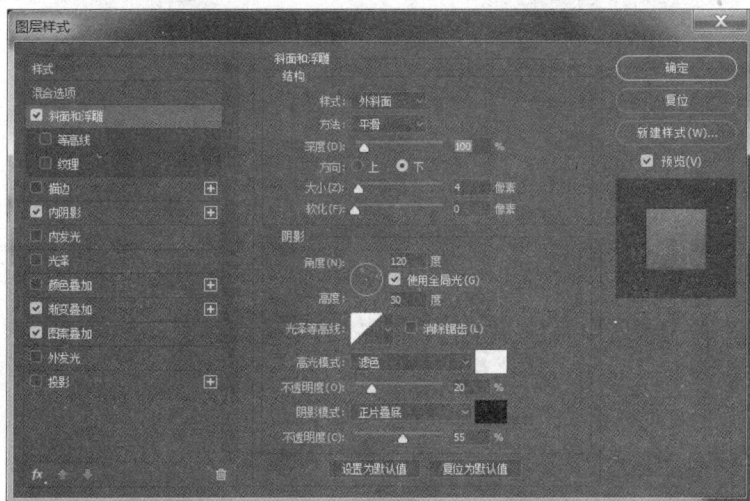

图 6.22 设置斜面和浮雕

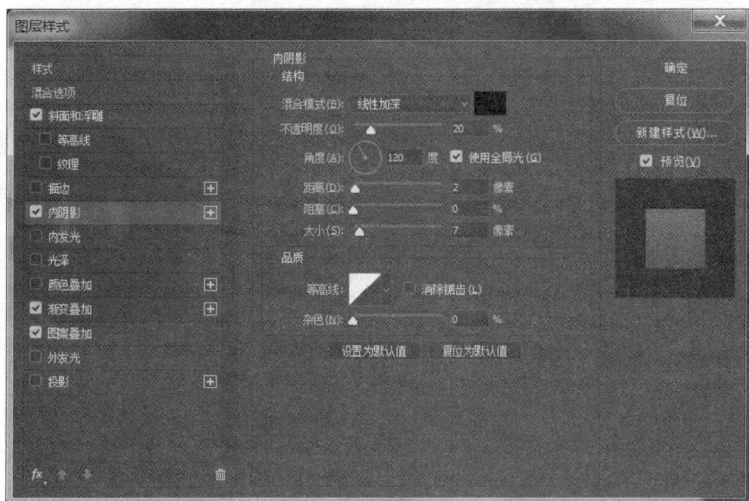

图 6.23 设置内阴影

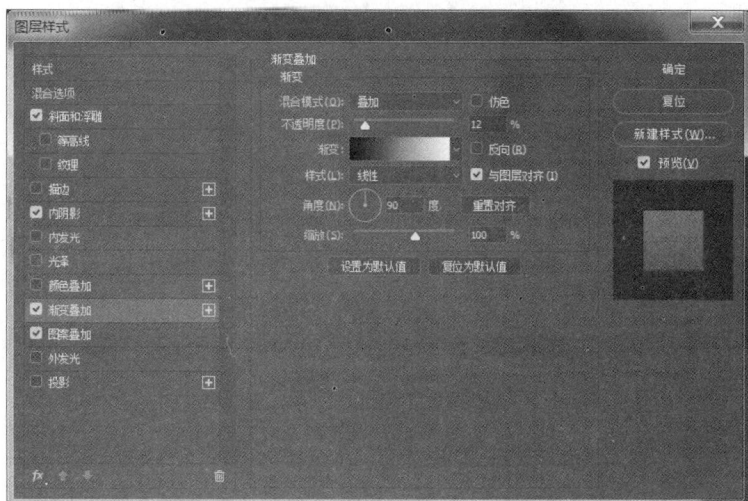

图 6.24　设置渐变叠加

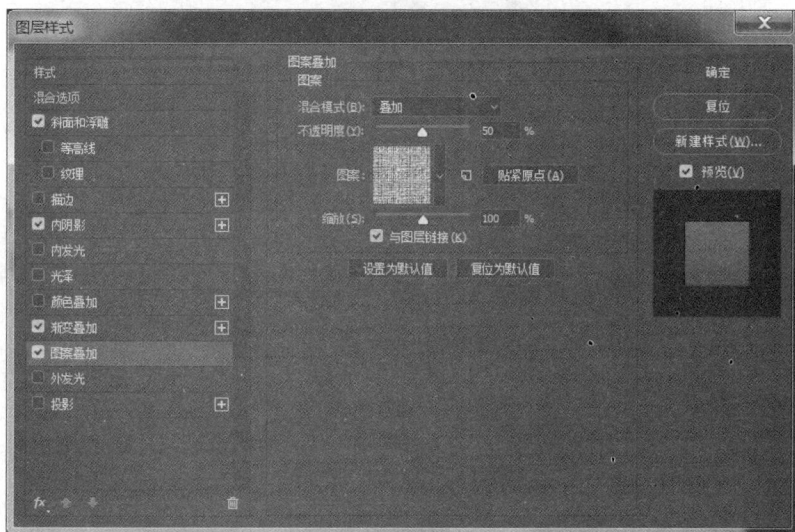

图 6.25　设置图案叠加

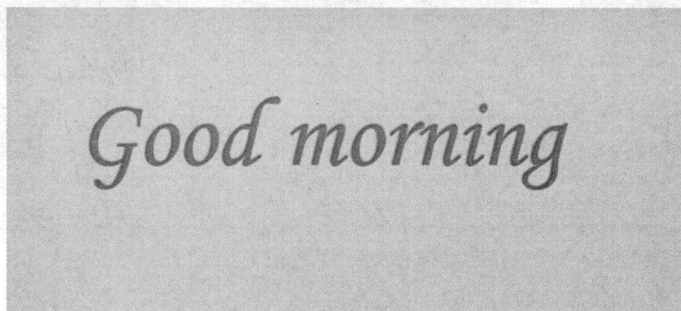

图 6.26　设置文本标题后的效果

（3）添加一些矢量的星星图案，将其颜色设置为 #5E5D5A，调整其大小和位置，并设置图层的样式，如图 6.27～图 6.30 所示。"图案叠加"中的图案是"艺术表面"的"厚织物"图案。

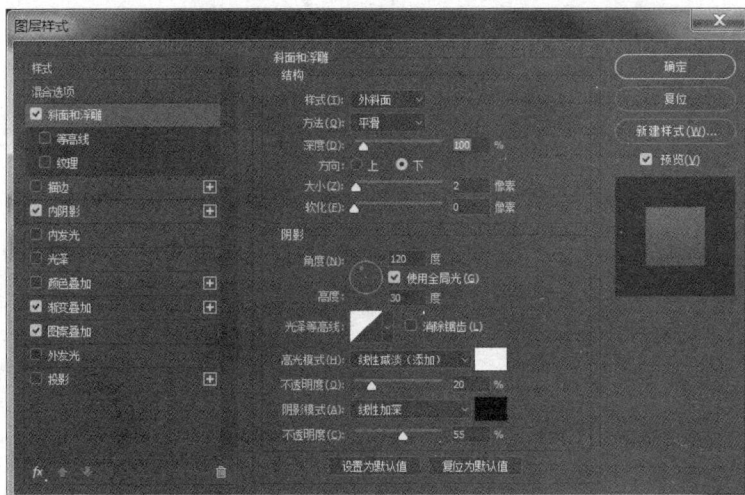

图 6.27　设置斜面和浮雕

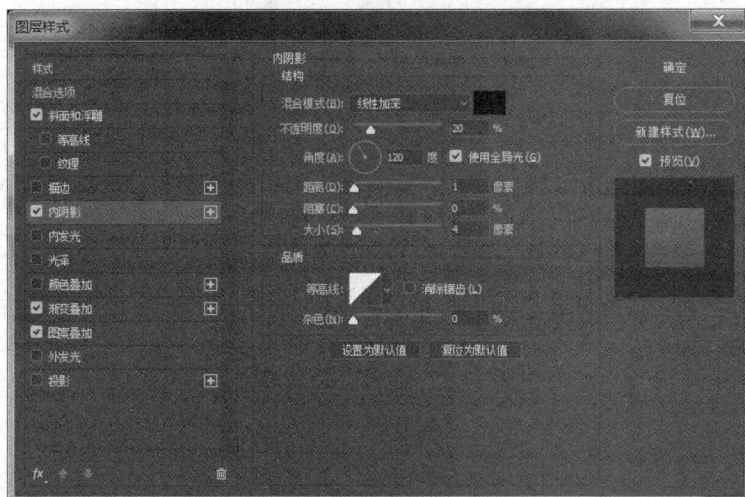

图 6.28　设置内阴影

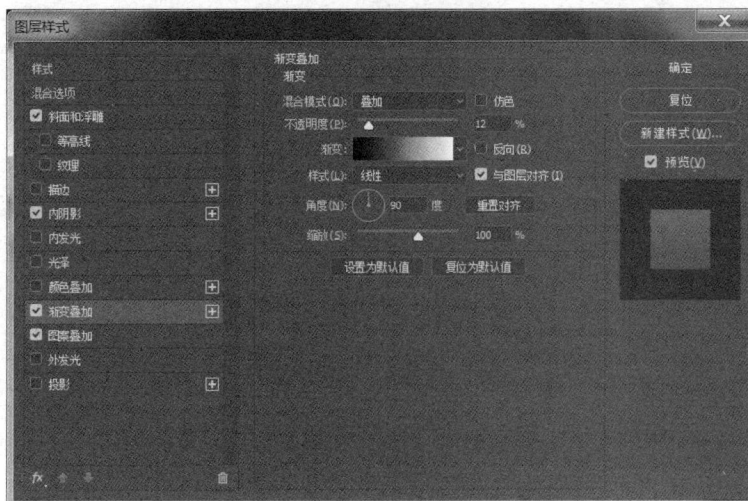

图 6.29　设置渐变叠加

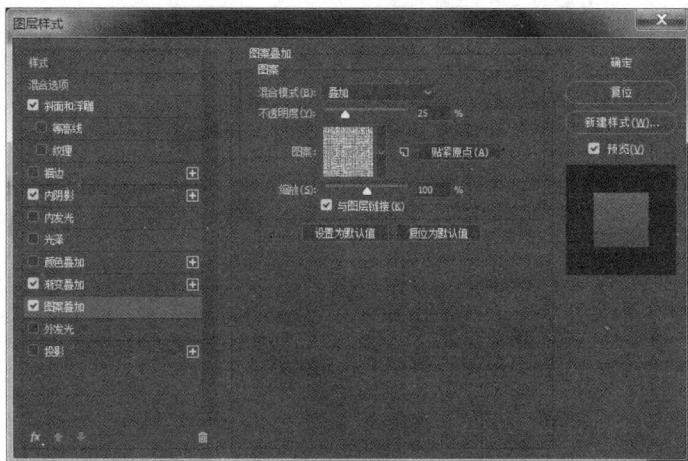

图 6.30　设置图案叠加

（4）选择文字工具创建小标题，并在字符面板设置其字符间距为 700。对该文本图层应用与星星图层一样的图层样式。用鼠标右键单击任一星星图层，选择"复制图层样式"命令，接着用鼠标右键单击该文本图层，并选择"粘贴图层样式"命令，最终的设置效果如图 6.31 所示。

图 6.31　海报设计效果

## 五、实验要求

按照上述实例完成以下两个任务。

（1）制作一个以"我的学校"为题材的宣传海报。

（2）制作一个自己喜欢的生日海报。

# 本章拓展训练

综合应用 Photoshop 的功能，并使用滤镜和蒙版对图像进行处理。

拓展训练

# 第7章　数据库基础

　　本章主要学习 Access 2016 的基本操作，主要内容包括数据库的创建，数据表的创建，数据表结构的设置，数据表记录的基本操作，查询的创建，报表的创建与设置，窗体的创建与设置等。在拓展训练中，还以实际的例子讲述了关系的创建方法。通过本章的实验，可使读者全面了解 Access 2016 的基本功能并掌握其使用方法。

## 实验一　数据库和表的创建

### 一、实验学时

2 学时。

### 二、实验目的

- 熟练掌握数据库的创建、打开以及利用窗体查看数据库的方法。
- 掌握数据表记录的排序、数据筛选操作方法。
- 掌握对数据表进行编辑、修改的方法。

### 三、相关知识

#### 1. 设计一个数据库

在 Access 中，设计一个合理的数据库，最主要的是设计合理的表以及表间的关系。设计一个 Access 数据库，一般要经过以下步骤。

（1）需求分析

需求分析就是对所要解决的实际应用问题做详细的调查，了解所要解决问题的组织架构、业务规则，确定创建数据库的目的，确定数据库要完成哪些操作以及需建立哪些对象等。

（2）建立数据库

创建一个空 Access 数据库，数据库文件扩展名为 ".accdb"。对数据库命名时，要使名字尽量体现数据库的内容，做到"见名知义"。

（3）建立数据库中的表

数据库中的表是数据库的基础数据来源。确定需要建立的表，是设计数据库的关键，表设计的好坏直接影响数据库其他对象的设计及使用。

设计能够满足需要的表，要考虑以下几个方面。

① 每一个表只能包含一个主题信息。

② 表中不要包含重复信息。

③ 表拥有的字段个数和数据类型。

④ 字段要具有唯一性。

⑤ 所有的字段集合要包含描述表主题的全部信息。

⑥ 确定表的主键字段。

（4）确定表间的关联关系

在多个主题的表间建立表间的关联关系，使数据库中的数据得到充分利用，同时对复杂的问题，可先化解为简单的问题后再组合，会使解决问题的过程变得容易。

（5）创建其他数据库对象

创建和设计查询、报表、窗体、宏、数据访问页和模块等数据库对象。

**2．数据库中的对象**

在一个 Access 2016 数据库文件中，有 7 个基本对象，它们处理所有数据的保存、检索、显示及更新。这 7 个基本对象类型是：表、查询、窗体、报表、页、宏及模块。

表（Table）是数据库中用来存储数据的对象，它是整个数据库系统的数据源，也是数据库其他对象的基础。Access 2016 的数据表提供了一个矩阵，矩阵中的每一行称为一条记录，每一行唯一一地定义了一个数据集合，矩阵中的每一列称为一个字段，字段存放不同的数据类型，具有一些相关的属性。

Access 中的查询包括选择查询、计算查询、参数查询、交叉表查询、操作查询和 SQL 查询。

报表和窗体都是通过界面设计进行数据定制输出的载体。

**3．创建数据库**

创建数据库可以使用以下方法。

（1）创建空数据库

在开始使用 Access 2016 界面时，可选择模板中的"空白桌面数据库"，设置好数据库的存储路径和文件名后，单击"创建"按钮即可创建新的数据库。用户可根据自己的需要任意添加和设置数据库对象。设计完成后，保存设置，返回数据表打开视图，即可按设计好的字段添加记录。

（2）使用模板创建数据库

启动 Access 2016，在"选择模板"对话框中可使用本机已列出的模板（如学生、资产跟踪、联系人等）和联机模板来创建数据库。本机已列出的模板是利用本机上的模板（这些模板在第一次使用时会自动从网上下载），联机模板是通过"搜索联机模板"框在网上搜索到的模板。

从上述模板中选择一个模板，系统会出现与此模板相对应的提示信息，用户在"文件名"文本框中输入自定义的数据库文件名，并单击后面的文件夹按钮🗀以设置存储位置，然后单击"创建"按钮，则系统会按选中的模板自动创建新数据库，且该数据库中已有相关的表、窗体、报表等数据库对象。

创建完成后，在数据库主界面打开相关数据表，即可添加记录或修改表结构了。

**4．数据库的打开与关闭**

（1）数据库的打开

Access 2016 提供了三种方法来打开数据库：一是在数据库存放的路径下找到所要打开的数据库

文件，直接用鼠标双击即可将之打开；二是在 Access 2016 的"文件"选项卡中单击"打开"命令；三是在最近使用过的文档中选择相应数据库文件快速将之打开。

（2）数据库的关闭

完成数据库操作后，若想将数据库关闭，可使用"文件"选项卡中的"关闭"命令，此时只会关闭当前数据库，但不会退出 Access 软件；也可使用数据库窗口的"关闭"按钮关闭当前数据库，此时会退出 Access 软件。

## 四、实验范例

### 1. 实验内容

（1）创建"学籍管理"数据库。先在数据库中创建"学生档案"数据表，表结构如表 7.1 所示。

表 7.1 "学生档案"数据表结构

| 字段名 | 类型 | 长度 | 有效性规则 | 有效性文本 | 其他 |
|---|---|---|---|---|---|
| 学号 | 短文本 | 7 | | | 主键 |
| 姓名 | 短文本 | 10 | | | |
| 性别 | 短文本 | 2 | 男/女 | 性别输入错误 | 默认值为"男" |
| 出生日期 | 日期/时间 | | | | 长日期 |
| 班级 | 短文本 | 10 | | | |
| 政治面貌 | 短文本 | 8 | | | 默认值"共青团员" |
| 入学成绩 | 数字 | | [0,100] | 成绩为百分制 | |

（2）再在"学生档案"数据表中输入若干条记录，如表 7.2 所示。

表 7.2 "学生档案"数据表记录

| 学号 | 姓名 | 性别 | 出生日期 | 班级 | 政治面貌 | 入学成绩 |
|---|---|---|---|---|---|---|
| 2017101 | 赵一民 | 男 | 1999-9-1 | 计算机 17-4 | 共青团员 | 89 |
| 2017102 | 王林芳 | 女 | 1999-1-12 | 计算机 17-4 | 共青团员 | 67 |
| 2017103 | 夏林 | 男 | 1998-7-4 | 计算机 17-4 | 共青团员 | 78 |
| 2017104 | 刘俊 | 男 | 1999-12-1 | 计算机 17-4 | | 88 |
| 2017106 | 张玉洁 | 女 | 1999-11-3 | 计算机 17-4 | 共青团员 | 63 |
| 2017107 | 魏春花 | 女 | 1999-9-15 | 计算机 17-4 | | 74 |
| 2017108 | 包定国 | 男 | 1999-7-4 | 计算机 17-4 | 共青团员 | 50 |
| 2017109 | 花朵 | 女 | 1999-10-2 | 计算机 17-4 | 共青团员 | 90 |

（3）删除学号为"2017104"的记录。

（4）筛选"学生档案"数据表中"入学成绩"不低于 70 分的女生信息。

（5）将"学生档案"数据表按"入学成绩"从高到低重新排列显示。

### 2. 操作步骤

（1）创建"学籍管理"数据库

创建空白数据库的方法如下。

① 启动 Access 2016 时，系统会让用户选择是打开以前使用过的数据库（图 7.1 所示的左半部分），还是利用图 7.1 所示的右半部分的模板新建数据库（也可以

创建 Access 数据库

在已打开的 Access 软件的"文件"菜单中选择"新建"命令来打开类似图 7.1 的窗口）。在此，我们选择"空白桌面数据库"，在弹出的对话框中指定数据库的名字为"学籍管理.accdb"，在右侧选择该库文件存放的位置，如"D：\"，再单击"创建"按钮，系统会自动创新一个空白的"学籍管理"数据库，打开此数据库的界面如图 7.2 所示。

图 7.1 创建"空白桌面数据库"选项

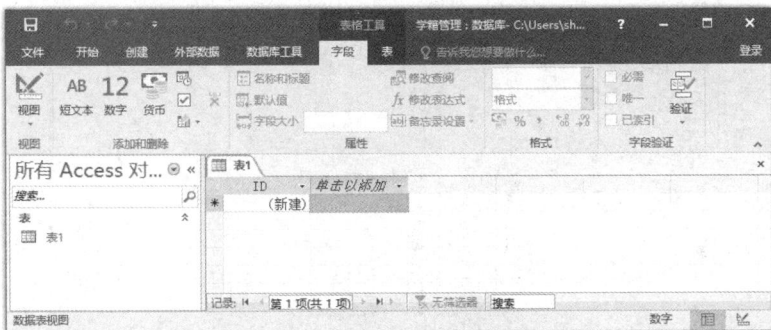

图 7.2 新建空白数据库主窗口

② 单击快速工具栏中的"保存"按钮（或者是"文件"菜单中的"保存"命令），会出现"另存为"对话框，如图 7.3 所示，将"表 1"改为"学生档案"，单击"保存"按钮。

图 7.3 "另存为"对话框

数据表结构的设计

③ 选择"开始"选项卡→"视图"选项区→"视图"下的"设计视图"（若"视图"选项区不可用，则需要打开"学生档案"表），按照表 7.1 的数据表结构设置各字段信息。特别要注意的是"有效性规则""有效性文本"及"默认值"等属性的设置格式，图 7.4 是"性别"字段的设置格式。因为"性别"是文本类型，所以其取值"男"或"女"要用英文半角双引号引起来，另外有效性规则要用合法的关系或逻辑表达式描述，如入学成绩为 0～100 分，可用"Between 0 And 100"或">=0 And <=100"来设置。各字段设置完成后，单击"保存"按钮，关闭该设计视图。

④ 添加记录。在"学籍管理"数据库窗口中双击"学生档案"数据表，开始录入学生记录，如图 7.5 所示。录入完毕后选择"文件"→"保存"命令或单击快速工具

数据表记录的操作

栏中的"保存"按钮保存此数据表。

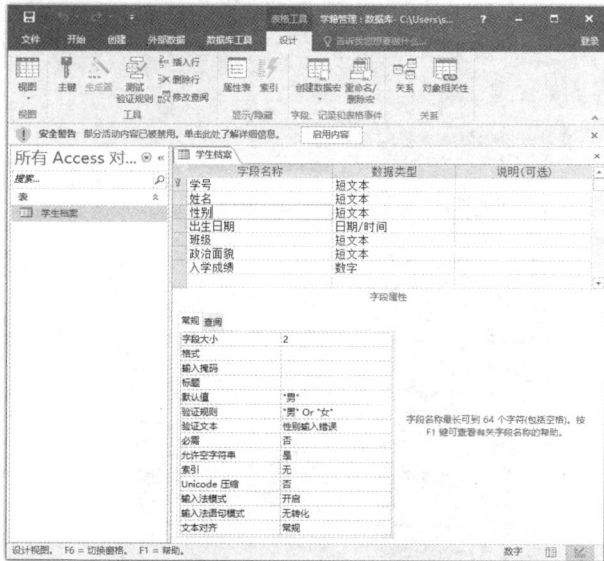

图 7.4　设置"性别"字段

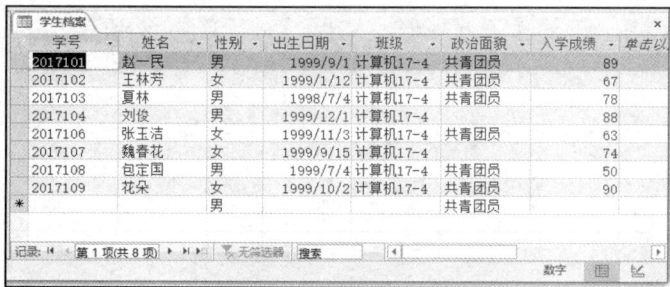

图 7.5　添加记录

（2）删除学号为"2017104"的记录

选择学号为"2017104"的记录，在该行记录左端单击鼠标右键，如图 7.6 所示，在弹出的快捷菜单中选择"删除记录"命令，即可删除该记录。如数据表记录很多，可在图 7.6 下方的"搜索"框输入要查找的条件"2017104"，则会直接定位到该记录，然后按上面的操作删除记录即可。

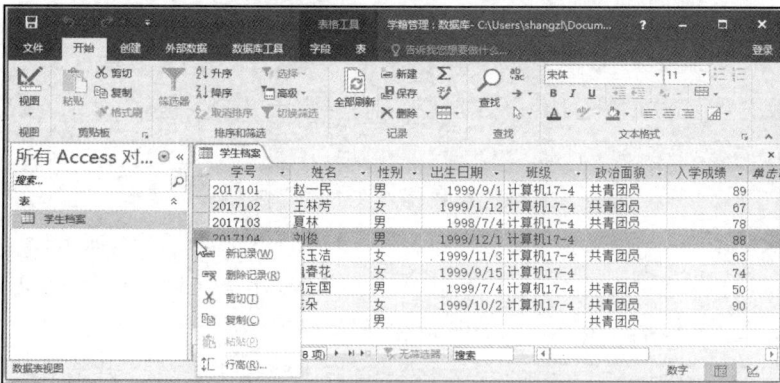

图 7.6　删除记录

（3）筛选"学生档案"表中"入学成绩"不低于 70 分的女生信息

① 单击"入学成绩"字段右侧的三角按钮 ▾，在出现的下拉菜单中选择"数字筛选器"中的"大于"选项，如图 7.7 所示。

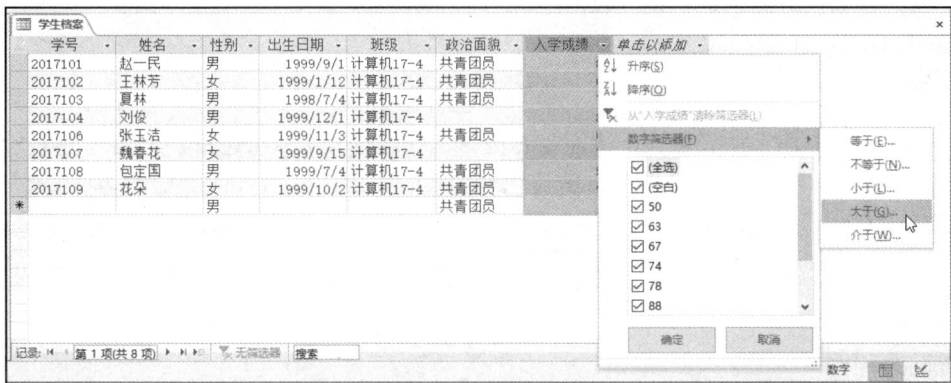

图 7.7　进行筛选设置

② 在弹出的对话框中输入"70"，如图 7.8 所示。

③ 单击"性别"字段右侧的三角按钮，在出现的对话框中选择"女"，即可筛选出如图 7.9 所示的不低于 70 分的女生记录。在"性别"和"入学成绩"字段的右侧有个筛选标记 ，在表数据的下方也出现了 已筛选 标记。

图 7.8　"自定义筛选"对话框

图 7.9　筛选结果

（4）将"学生档案"数据表按入学成绩从高到低重新排列

单击"入学成绩"字段右侧的三角按钮，选择"降序"即可按入学成绩从高到低排列成绩。

**五、实验要求**

创建一个学生个人信息表，字段结构按常规合理地设计，对部分字段的属性（如默认值、验证规则、验证文本等）进行设置，录入一些记录，并进行记录修改及筛选等操作。

# 实验二　数据表的查询

**一、实验学时**

2 学时。

## 二、实验目的

- 掌握用查询向导创建查询的方法。
- 掌握用查询设计器创建查询的方法。

## 三、相关知识

查询（Query）可用来从表中检索所需要的数据，它是对表中数据进行加工的一种重要的数据库对象。查询也是一个"表"，是以数据表为基础数据源的"虚表"，它可以作为表用来表示加工处理后的结果。查询结果是动态的，它以一个表、多个表或查询为基础，创建一个新的数据集为查询的最终结果，而这一结果又可作为其他数据库对象的数据来源。查询不仅可以重组表中的数据，还可以通过计算再生新的数据。

### 1. 查询的种类

在 Access 中，主要有选择查询、参数查询、动作查询及 SQL 查询。选择查询主要用于浏览、检索、统计数据库中的数据；参数查询是通过运行查询时的参数定义、创建的动态查询结果，以便更多、更方便地查找有用的信息；动作查询主要用于数据库中数据的更新、删除及生成新表，使得数据库中数据的维护更便利；SQL 查询是通过 SQL 语句创建的选择查询、参数查询、数据定义查询及动作查询。

### 2. 查询的方法

（1）使用查询向导创建查询。

（2）使用查询设计器创建查询。

## 四、实验范例

### 1. 实验内容

（1）用查询向导为"学生档案"数据表创建简单查询。

（2）用查询设计器为"学生档案"数据表创建查询，并显示表中入学成绩不低于 70 分的女生记录。

### 2. 操作步骤

（1）用查询向导为"学生档案"数据表创建简单查询

① 打开要创建查询的数据库文件。

② 选择"创建"选项卡→"查询"功能组→"查询向导"命令，会弹出图 7.10 所示的"新建查询"对话框。

③ 在打开的"新建查询"对话框中，选择一种类型，在此选择"简单查询向导"选项，单击"确定"按钮。

使用查询向导
创建查询

④ 系统会弹出图 7.11 所示的"简单查询向导"对话框，先确定"表/查询"的对象，再单击 >> 按钮将"可用字段"列表框中显示的表中的所有字段添加到"选定字段"列表框中，也可以选中单个字段，单击 > 按钮添加到"选定字段"列表框中。

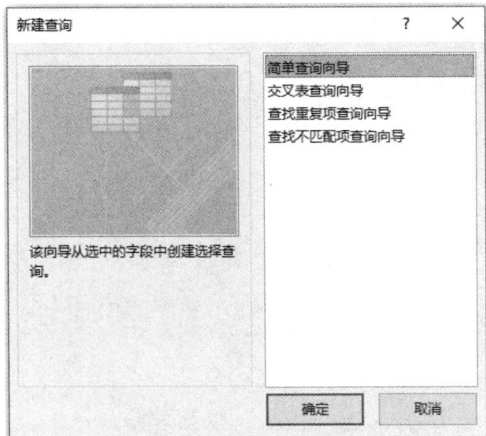

图 7.10 "新建查询"对话框

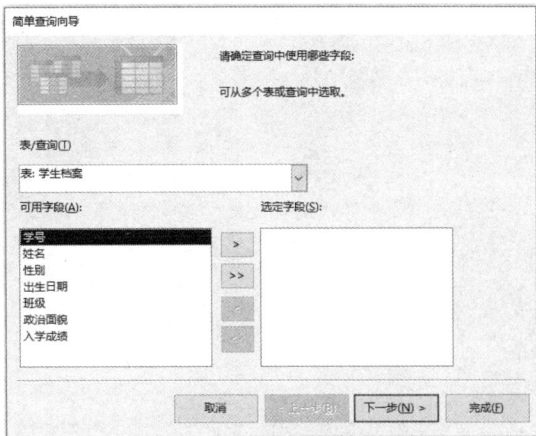

图 7.11 "简单查询向导"对话框

⑤ 添加完成后，单击"下一步"按钮，会弹出图 7.12 所示的提示框。

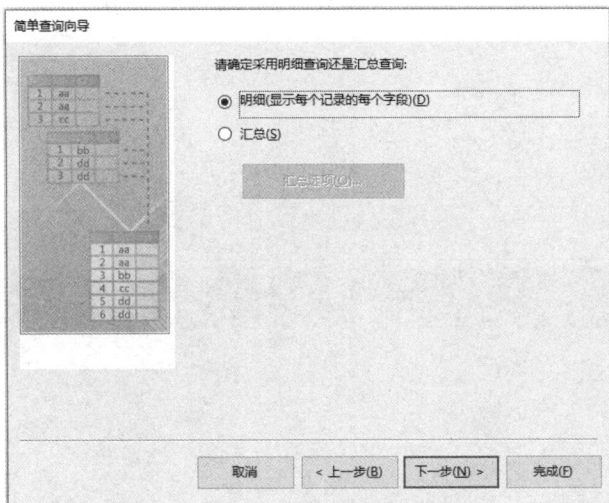

图 7.12 选择单选框

⑥ 选择默认状态下的"明细（显示每个记录的每个字段）"单选框。若选择了"汇总"单选框，单击"汇总选项"按钮，可选择需要计算的汇总值，然后单击"确定"按钮返回到图 7.12 所示的界面。再单击"下一步"按钮。在"请为查询指定标题"文本框中输入标题，单击"完成"按钮就完成了创建。

（2）用查询设计器为"学生档案"数据表创建查询

下面用查询设计器为"学生档案"数据表创建查询，并显示表中入学成绩不低于 70 分的女生记录。

① 打开要创建查询的数据库文件，选择"创建"选项卡→"查询"功能组→"查询设计"命令，将弹出"显示表"对话框。

使用查询设计器创建查询

② 在对话框中选择要创建查询的"学生档案"表，单击"添加"按钮，再单击"关闭"按钮，返回到"查询 1"窗口，如图 7.13 所示，图的上半部分显示的是待查询的表，下半部分是进行查询条件设置的操作区。

图 7.13 "查询 1"窗口

③ 在表中分别选中需要的字段，依次拖动到下面设计器中的"字段"行中（也可单击"字段"方格右侧的下拉按钮 ⌄，从下拉列表中选择某个字段），添加字段后，在"表"行中自动显示该字段所在的表名称。

④ 在设计器下面的字段列表中输入显示的字段及查询条件，可实现条件查询，如图 7.14 所示设置了查询不低于 70 分的女生记录。在查询设计区的"显示"行，只有"学号""姓名""入学成绩"和"出生日期"的复选框选中了，表示这些字段要在查询结果中显示出来，而"性别"对应的"显示"复选框没有被选中，则表示这个字段只是在查询时使用了，但在查询结果中不予显示。

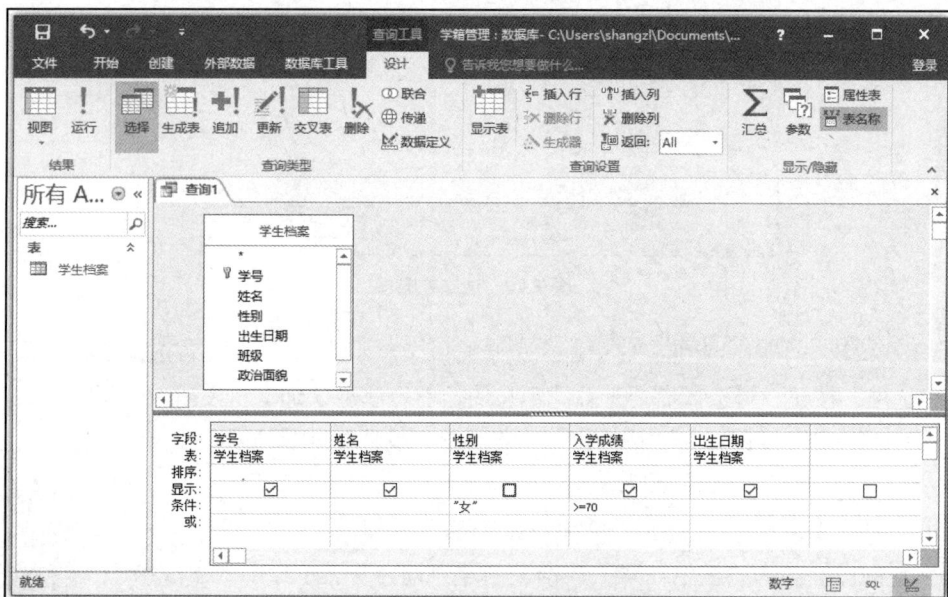

图 7.14 查询条件的设置窗口

⑤ 保存该查询为"成绩查询"，则建立了一个不低于 70 分的女生成绩查询表。

在数据库对象导航窗格上可以看到已经保存的"成绩查询"，双击可看到图 7.15 所示的查询结果。在 Access 中，一个查询对应有三种视图，这三种视图之间的切换可通过选择"开始"选项卡→"视图"功能组→"视图"后显示的三个菜单项来切换，如图 7.16 所示。

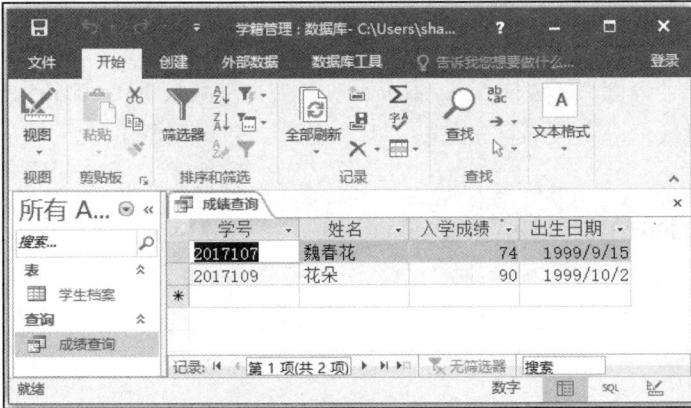

图 7.15 查询结果

图 7.16 "视图"的下拉菜单项

图 7.14 是"成绩查询"查询对应的"设计视图"，图 7.15 是"成绩查询"查询对应的"数据表设计视图"，选择图 7.16 中"视图"→"SQL 视图"命令，则可切换到"SQL 视图"模式，如图 7.17所示。

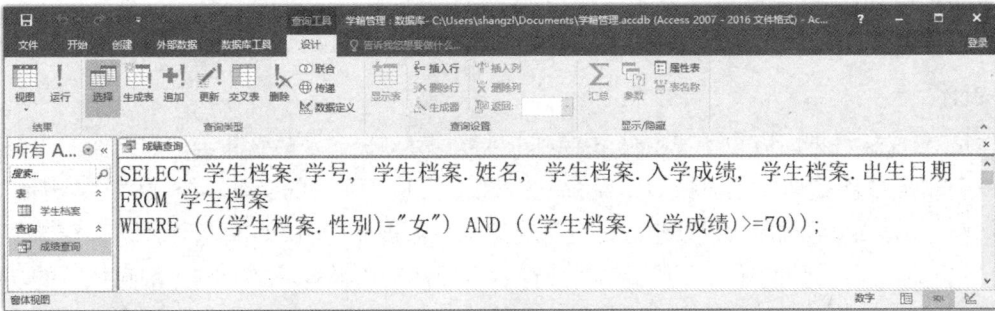

图 7.17 查询的 SQL 视图

图 7.14 把查询的两个条件"女"和">=70"放在了同一行上，它表示两个条件是"并且"的关系；若把这两个条件放在不同的行上，如图 7.18 所示，则表示两个条件是"或"的关系，其含义是成绩不低于 70 分或女生的成绩查询表，其对应的"SQL 视图"如图 7.19 所示。

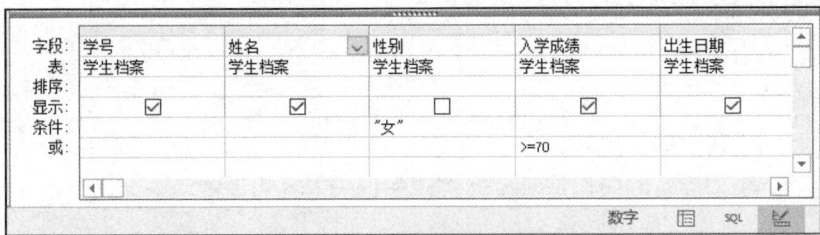

图 7.18 "或"条件的设置

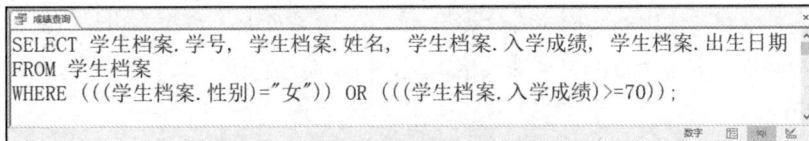

图 7.19 "或"条件对应的 SQL 视图

## 五、实验要求

基于"学生档案"数据表创建一个查询"男生团员"，查询出所有男生且是共青团员的记录，显示其学号、姓名、性别、班级、入学成绩等字段信息，并以"入学成绩"的降序排列。

# 实验三　窗体与报表的操作

## 一、实验学时

2 学时。

## 二、实验目的

- 掌握创建窗体和报表的方法。
- 熟练掌握窗体和报表的操作方法。

## 三、相关知识

### 1. 窗体

窗体是 Access 数据库应用系统中最重要的一种数据库对象。窗体背景与前景内容的设置会给用户提供一个非常有亲和力的数据库操作环境，使得数据库应用系统的操纵、控制尽在"窗体"中。

窗体作为 Access 数据库的重要组成部分，起着联系数据库与用户的桥梁作用。以窗体作为输入界面时，它可以接收用户的输入，判定其有效性、合理性，并具有一定的响应消息执行的功能。以窗体作为输出界面时，它可以输出一些记录集中的文字、图形图像，还可以播放声音、视频动画，实现对数据库中的多媒体数据的处理。

新建窗体通过"创建"选项卡的"窗体"功能区来完成。创建窗体的方法主要有以下几种。

（1）快速创建窗体。

（2）通过窗体向导创建窗体。

（3）创建分割窗体。

（4）创建多记录窗体。

（5）创建空白窗体。

（6）通过设计图创建窗体。

窗体创建完后，主要涉及的操作是对窗体控件和记录内容的设置。

### 2. 报表

报表（Report）是数据库中数据输出的另一种形式。它不仅可以将数据库中的数据分析、处理结果通过打印机输出，还可以对要输出的数据完成分类小计、分组汇总等操作。报表也是 Access 2016 中的重要组成部分，是以打印格式显示数据的可视性表格类型，可以通过它控制每个对象的显示方式和大小。

创建报表的方法有多种，常用的有以下三种。

（1）快速创建报表。

（2）创建空报表。

（3）通过向导创建报表。

## 四、实验范例

### 1. 创建窗体

（1）快速创建窗体

快速创建窗体的方法：打开要创建窗体的数据库文件，选择"创建"选项卡→"窗体"功能组→"窗体"命令，则系统会以当前选中的数据对象（表、查询）为基础建立一个窗体。

（2）通过窗体向导创建窗体

在向导的提示下，根据用户选择的数据源表或查询、字段、窗体的布局、样式自主创建窗体。通过窗体向导可以创建出更为专业的窗体，创建方法如下。

使用窗体向导
创建窗体

① 打开要创建窗体的数据库文件，选中需要建立窗体的数据对象，如"学生档案"表。

② 选择"创建"选项卡→"窗体"功能组→"窗体向导"命令。

③ 打开的"窗体向导"对话框如图 7.20 所示，在"可用字段"框中选择需要的字段，然后单击右箭头按钮 `>`；如果要选择全部可用字段，可单击双右箭头按钮 `>>`；将选中的可用字段添加到"选定字段"列表框中。

④ 单击"下一步"按钮，在对话框中选择合适的布局（如纵栏表、表格、数据表、两端对齐），这里选择"纵栏表"布局，单击"下一步"按钮，在弹出的对话框中选择合适的样式，单击"下一步"按钮。在弹出的对话框中输入标题，如图 7.21 所示，然后单击"完成"按钮即可。

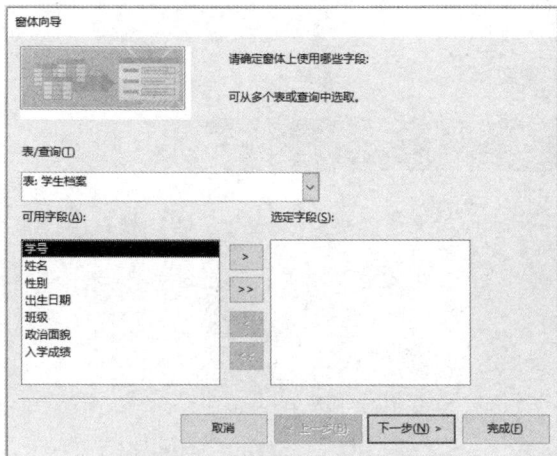

图 7.20　"窗体向导"对话框 1

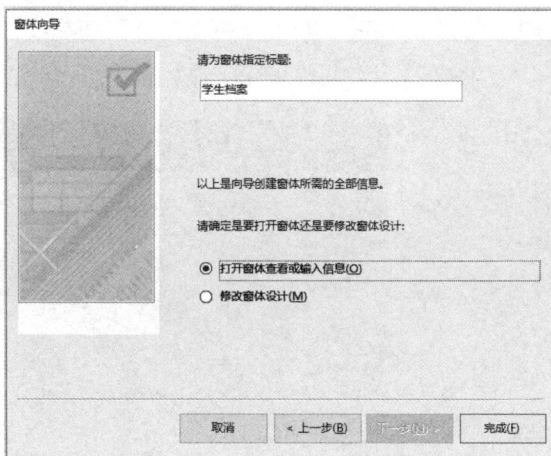

图 7.21　"窗体向导"对话框 2

（3）创建分割窗体

分割窗体的特点是可以同时显示数据的两种视图，即窗体视图和数据表视图。创建分割窗体的方法如下。

① 打开要创建窗体的数据库文件，选中需要建立窗体的数据对象，如"学生档案"表。

② 选择"创建"选项卡→"窗体"功能组→"其他窗体"→"分割窗体"命令。

③ 系统自动创建出包含源数据所有字段的窗体，并以窗体和数据两种视图显示窗体，如图 7.22 所示。

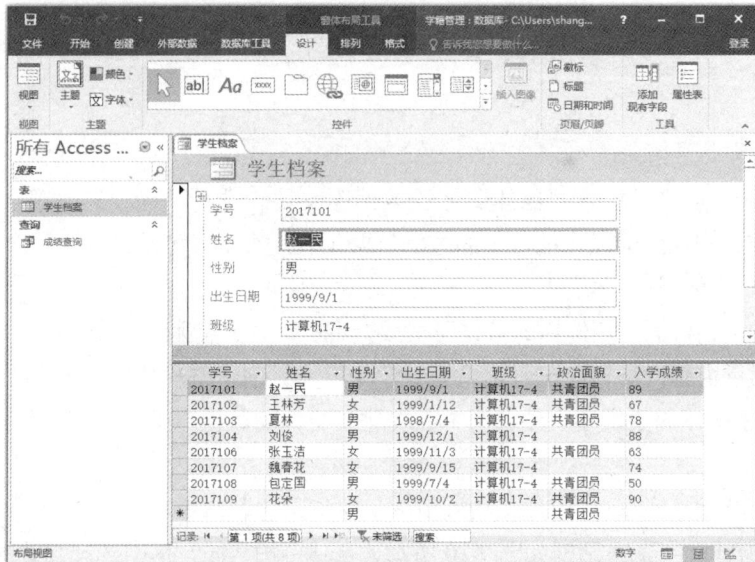

图 7.22　创建的分割窗体

（4）创建多记录窗体

在普通窗体中一次只显示一条记录，但如果需要一个可以显示多条记录的窗体，则可以使用多项目工具创建多记录窗体，方法如下。

① 打开要创建窗体的数据库文件，选中需要建立窗体的数据对象，如"学生档案"表。

② 选择"创建"选项卡→"窗体"功能组→"其他窗体"→"多个项目"命令。

③ 系统将自动创建出同时显示多条记录的窗体，如图 7.23 所示。

图 7.23　创建的多记录窗体

（5）创建空白窗体

创建空白窗体的方法如下。

① 打开要创建窗体的数据库文件，选中需要建立窗体的数据对象，如"学生档案"表。

② 选择"创建"选项卡→"窗体"功能组→"空白窗体"命令，系统将创建出图 7.24 所示的空白窗体。

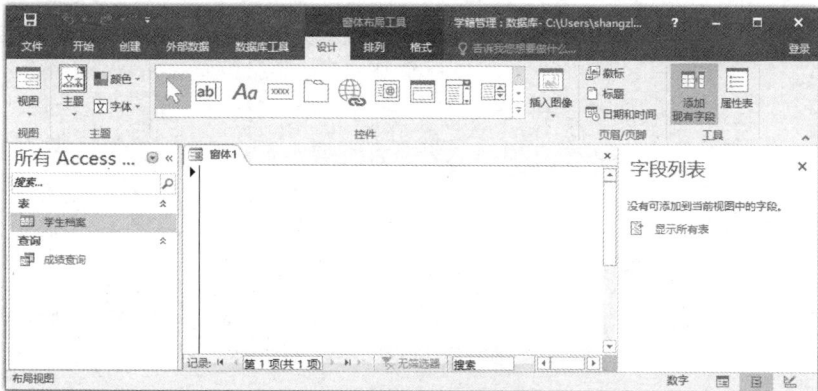

图 7.24 创建的空白窗体

③ 单击窗口右侧"字段列表"区的 [显示所有表] ，再单击"学生档案"表名左侧的加号 ⊞ 以显示这个表的所有字段。然后把需要的字段拖动到空白窗体中（也可双击需要的字段把其添加到空白窗体中）。添加完需要的字段后显示结果如图 7.25 所示。

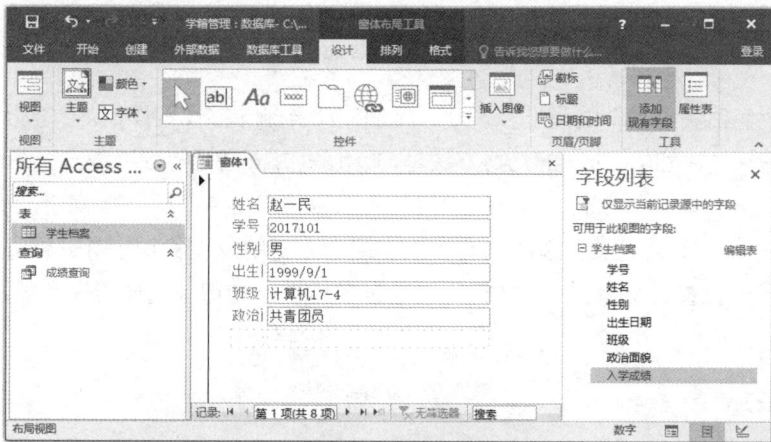

图 7.25 添加字段

在窗体区可用鼠标右键单击某行（即某个字段），从弹出的快捷菜单中选择"删除行"命令把本行删除，也可通过拖动来改变字段的顺序。

（6）通过设计视图创建窗体

在设计视图中可以对窗体内容的布局等进行调整，而且可以添加窗体的页眉页脚部分，创建方法如下。

① 打开要创建窗体的数据库和表，选择"创建"选项卡→"窗体"功能组→"窗体设计"命令，弹出带有网格线的空白窗体，如图 7.26 所示。把窗体右侧"字段列表"窗格（若"字段列表"窗格没有显示，可通过选择"窗体设计工具"下的"设计"选项卡→"工具"功能组→"添加现有字段"命令把它显示出来）中列出的字段拖到窗体的合适位置。

使用设计视图
创建窗体

105

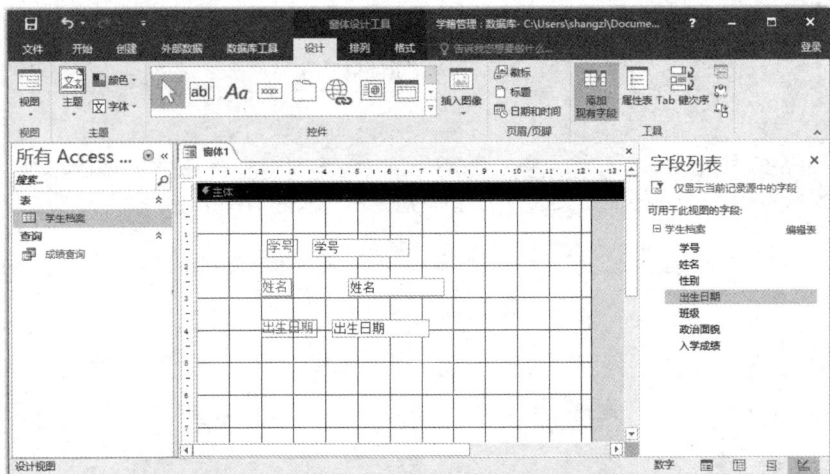

图 7.26  在"设计视图"中创建的窗体

② 当把需要的字段都放到窗体中后，单击界面右下方视图栏中的"窗体视图"按钮，就可以查看窗体中的内容了。

（7）对窗体的操作

用户可以对窗体进行操作，主要是指对控件的操作和对记录的操作。窗体中的文本框、图像及标签等对象称为控件，用于显示数据和执行操作，可以通过控件来查看信息和调整窗体中信息的布局。利用窗体还可以查看数据源中的任何记录，也可以对数据源中的记录进行插入、修改等操作。

① 控件操作

控件操作主要包括调整控件的高度、宽度、添加控件及删除控件等操作。这些操作需要在"布局视图"或"设计视图"中完成。视图的切换方法是，单击图 7.26 所示界面右下方视图栏中的视图按钮。

② 记录操作

记录操作主要包括浏览记录、添加记录、修改记录、复制及删除记录等，通过这些操作就可以对数据源中的信息进行查看和编辑，这些操作可通过窗体下方的记录选择器来完成，如图 7.27 所示。

图 7.27  记录选择器

● 浏览记录。选择记录选择器中的 ◄ 或 ► 按钮，就可以依次查看所有记录；选择 I◄ 或 ►I 按钮，就可以查看第一条记录或最后一条记录。

● 添加记录。选择记录选择器中的 ►* 按钮，就会在表的末尾添加一个空白的新记录。

● 修改记录。选择文本框控件中的数据，输入新的内容。

● 复制记录。在"窗体视图"中，用鼠标右键单击窗体中竖线左侧的区域，然后在弹出的快捷菜单中选择"复制"命令；切换到目标记录，还是在窗体中竖线左侧单击鼠标右键，在弹出的快捷菜单中选择"粘贴"命令。这样，源记录中每个控件的值都被复制到目标记录的对应控件中了。也可在"数据表视图"中用鼠标右键单击某行前面的小灰块 ，通过弹出的快捷菜单实现复制记录的操作。

● 删除记录。在"窗体视图"中，单击窗体中竖线左侧的区域以选中当前记录，然后按<Delete>键或者选择"开始"选项卡→"记录"功能组→"删除"命令，即可删除记录。也可在"数据表视图"中用鼠标右键单击某行前面的小灰块 ，然后在弹出的快捷菜单中选择"删除记录"命令，或者选中某行（单击行前面的小灰块）后按<Delete>键。

## 2. 创建报表

创建报表的方法如下。

（1）快速创建报表

打开要创建报表的"学生档案"数据表，选择"创建"选项卡→"报表"功能组→"报表"命令，则系统就会自动创建出报表，如图 7.28 所示，这种方法适用于不需要作任何个性化设置的报表。

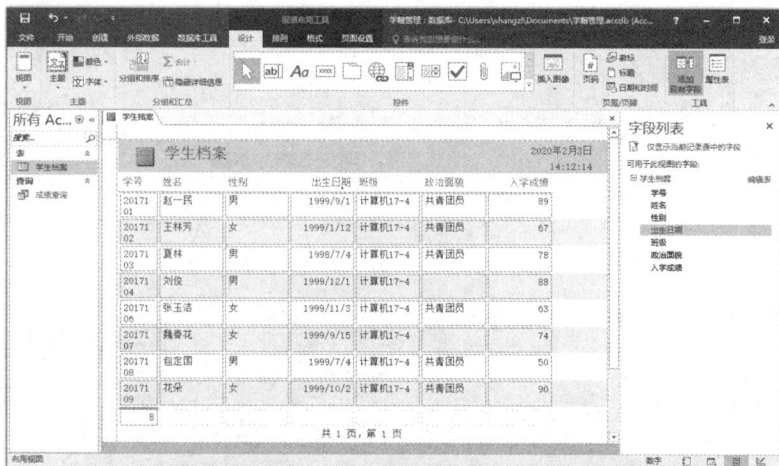

图 7.28　快速创建报表

（2）创建空报表

① 打开要创建报表的数据表或查询，选择"创建"选项卡→"报表"功能组→"空报表"命令。

② 系统会创建出一个没有任何内容的空报表，用户可以按照在空白窗体中添加字段的方法为其添加字段，如图 7.29 所示，可以自由拖动所需字段创建自定义报表。

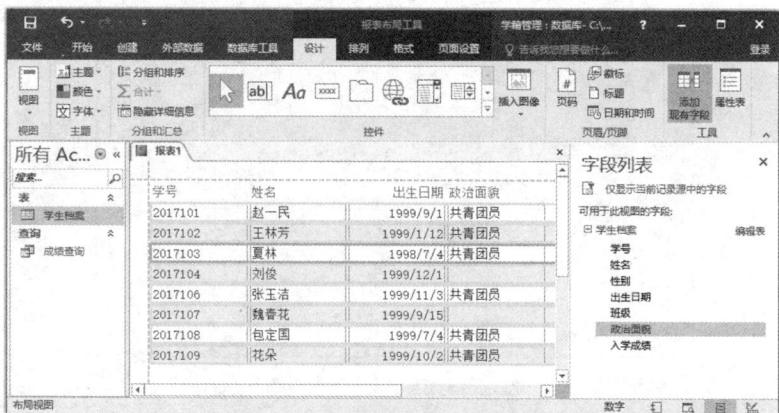

图 7.29　自定义创建报表

（3）通过向导创建报表

通过向导创建报表的方法如下。

① 打开要创建报表的数据库文件，选择"创建"选项卡→"报表"功能组→"报表向导"命令，将弹出"报表向导"对话框，如图 7.30 所示。

②在"表/查询"中选择数据源，可以是表，也可以是已创建的查询，在"可用字段"中选择需要的字段添加到"选定字段"中，单击"下一步"按钮，按照向导提示进行设置。

③ 在"是否添加分组级别"对话框中，在左侧的列表框中选择字段，单击 > 按钮将其添加到右侧的列表框中，这样选择的字段就出现在右侧列表框的最上面，如图 7.31 所示的"性别"。

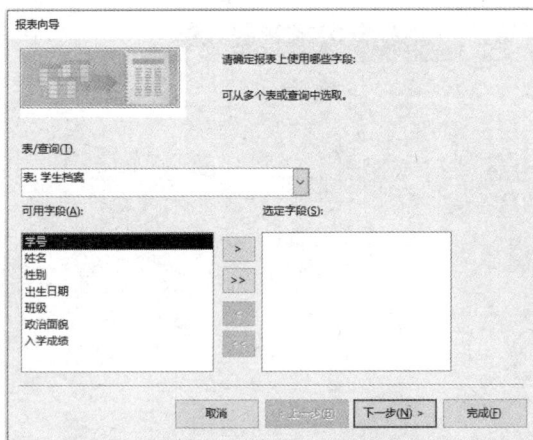

使用报表向导
创建报表

图 7.30 "报表向导"对话框

图 7.31 "是否添加分组级别"对话框

④ 单击"下一步"按钮，打开"选择排序字段"对话框，根据需要进行设置，如按"入学成绩"升序排列。

⑤ 在打开的对话框中选择合适的"布局"方式和"方向"，单击"下一步"按钮。

⑥ 在"请为报表指定标题"对话框中，输入报表的名字，单击"完成"按钮，完成报表的创建，如图 7.32 所示。

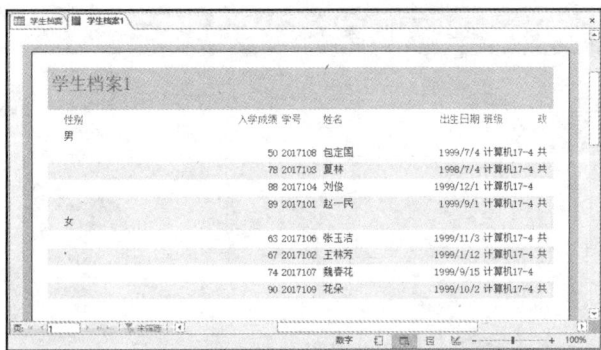

图 7.32 以"性别"分组和以"入学成绩"排序的报表

（4）通过设计视图创建报表

通过设计视图创建报表的方法如下。

① 打开要创建报表的数据库文件，选择"创建"选项卡→"报表"功能组→"报表设计"命令，系统就会创建出带有网格线的窗体。

② 从窗体右侧的"字段列表"窗格中把需要的字段拖动到带有网格线的报

使用设计视图
创建报表

表中。

③ 添加完后，单击视图栏中的"报表视图"按钮，切换到报表视图就可以查看报表。

### 五、实验要求

（1）基于"学生档案"数据表，创建一个窗体，显示每位同学的学号、姓名、性别、出生日期及入学成绩等字段信息。

（2）基于实验二实验要求中创建的"男生团员"查询，创建一个报表，并调整报表布局，使其显示美观。

# 本章拓展训练

通过一个综合实例，熟练掌握数据库中数据表、关系、查询、报表等几个常用对象的操作。具体实验步骤如下。

（1）新建空白数据库，并命名为"职工薪资管理"。

（2）在数据库中创建"员工信息表"数据表，字段结构设置如表 7.3 所示。

**表 7.3 "员工信息表"字段结构**

| 字段名 | 类型 | 长度 | 有效性规则 | 有效性文本 | 其他 |
| --- | --- | --- | --- | --- | --- |
| 工号 | 短文本 | 5 | | | 主键 |
| 姓名 | 短文本 | 8 | | | |
| 性别 | 短文本 | 2 | 男/女 | 性别输入错误 | 默认值为"男" |
| 出生日期 | 日期/时间 | | | | 长日期 |
| 部门 | 短文本 | 10 | | | |
| 职务 | 短文本 | 8 | | | 默认值为"职员" |

"员工信息表"设计视图的关键界面如图 7.33 所示。

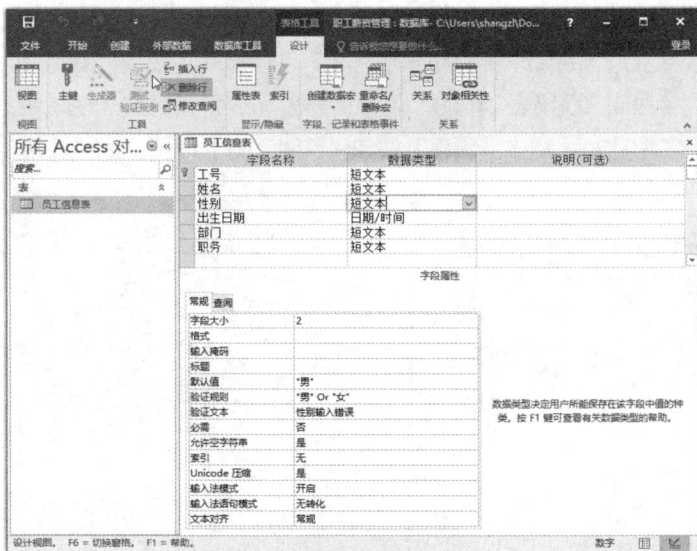

图 7.33 "员工信息表"字段设计

（3）创建数据表"薪级表"，字段结构设置如表 7.4 所示。

**表 7.4 "薪级表"字段结构**

| 字段名 | 类型 | 长度 | 有效性规则 | 有效性文本 | 其他 |
|--------|------|------|-----------|-----------|------|
| 职务 | 短文本 | 8 | | | 主键 |
| 基本工资 | 数字 | | | | |
| 津贴 | 数字 | | [200,5000] | 津贴介于 200 到 5000 | 默认值为 400 |

"薪级表"设计视图的关键界面如图 7.34 所示。

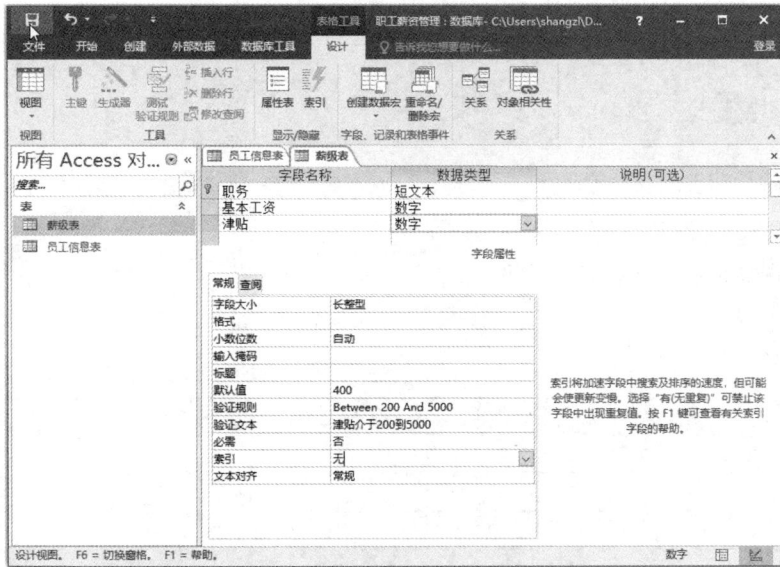

图 7.34 "薪级表"字段设计

（4）建立两个表之间的关系。

从表字段的含义可以看出，"员工信息表"中的"职务"字段的值必须来自"薪级表"中的"职务"字段的值，即参照完整性。操作方法如下：选择"数据库工具"选项卡→"关系"功能组→"关系"命令，弹出"显示表"对话框，把"薪级表"和"员工信息表"都添加到"关系"设置窗口中，然后拖动"员工信息表"中的"职务"字段到"薪级表"中的"职务"字段上，会显示图 7.35 所示的"编辑关系"对话框，选中"实施参照完整性"复选框，单击"新建"按钮，返回到图 7.36 所示的"关系"设置窗口。

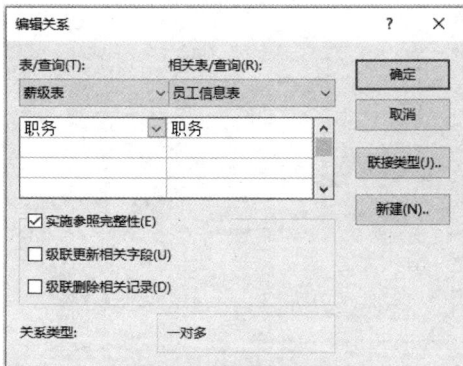

图 7.35 "编辑关系"对话框

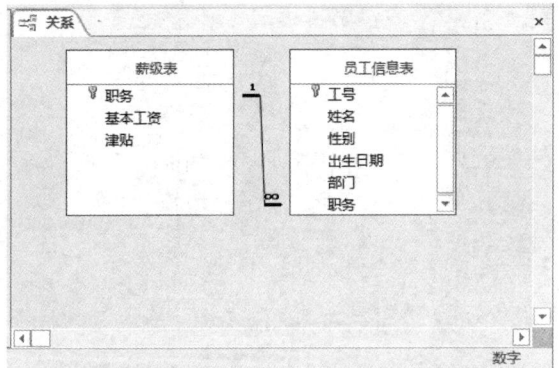

图 7.36 "关系"设置窗口

（5）在"薪级表"中录入若干条记录，如图 7.37 所示。提示：由于参照完整性的限制，必须先在"薪级表"中录入相应的"职务"后，才能在"员工信息表"中录入数据。

图 7.37 "薪级表"记录

（6）在"员工信息表"中录入若干条记录，如图 7.38 所示。在录入"职务"的数据时，必须录入"薪级表"中相应的数据，否则系统就会出现图 7.39 所示的提示。

图 7.38 "员工信息表"记录

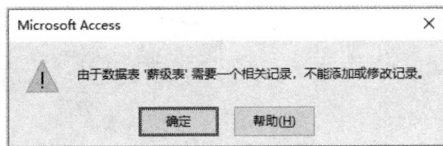

图 7.39 "职务"数据输入错误提示

（7）在"员工信息表"中新增一条记录"01010 王飞 男 1975/3/4 人事部 经理"，设置按"工号"字段升序排列。

（8）将"薪级表"按"基本工资"字段降序排列。

（9）创建一个查询，并命名为"人事部员工"，包含部门为"人事部"所有员工的如下字段：工号、姓名、性别、出生日期、职务、基本工资、津贴。

① 选择"创建"选项卡→"查询"功能组→"查询设计"命令，添加"员工信息表"和"薪级表"，如图 7.40 所示，两个表之间的联系是在第（4）步设置的。

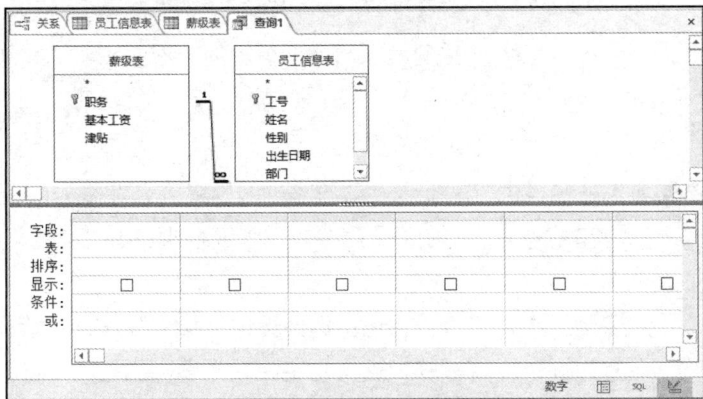

图 7.40 "查询"设置窗口

② 在下半部分的字段设计表中设置该查询的字段信息如图 7.41 所示。注意这里查询条件是"员工信息表.部门='人事部'"，但"部门"字段信息并不在查询中显示，所以其显示框是取消状态。

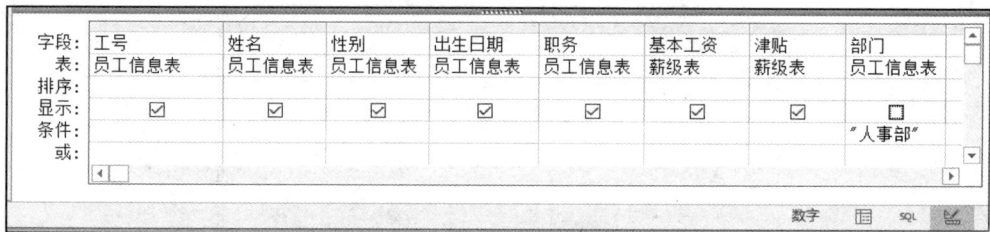

图 7.41　查询条件的设置

③ 保存该查询为"人事部员工"。双击打开该查询，则看到查询结果如图 7.42 所示，也可通过切换视图的方式查看结果。

图 7.42　"人事部员工"查询结果

④ 选择"开始"选项卡→"视图"功能组→"SQL 视图"命令，可以查询该查询的 SELECT 语句，如图 7.43 所示。请读者参阅该语句以更好地理解 SELECT 语句的格式，并能通过修改该语句创建其他查询。

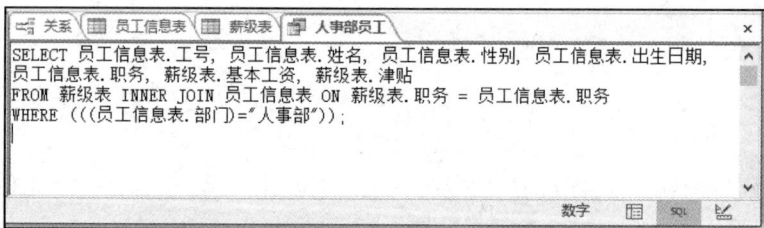

图 7.43　"人事部员工"查询的 SQL 视图

（10）以"人事部员工"查询为基础数据源，创建"人事部工资"报表。报表的基本内容有：工号、姓名、职务、基本工资、津贴、实发工资，其中"实发工资"为该员工"基本工资"和"津贴"之和。

① 选择"创建"选项卡→"报表"功能组→"报表向导"命令，在弹出的图 7.44 所示的对话框中选择报表来源为"查询：人事部员工"，在"可用字段"列表框中选择"工号""姓名""职务""基本工资""津贴"添加到"选定字段"列表框。

② 按照向导的提示，选择报表排序字段，这里选择按"工号"升序，再选择报表布局方式，这里选择"表格→纵向"，之后为报表指定标题，这里指定为"人事部工资"，如图 7.45 所示，接着选择"预览报表"单选框，即可完成图 7.46 所示的报表初步设计。

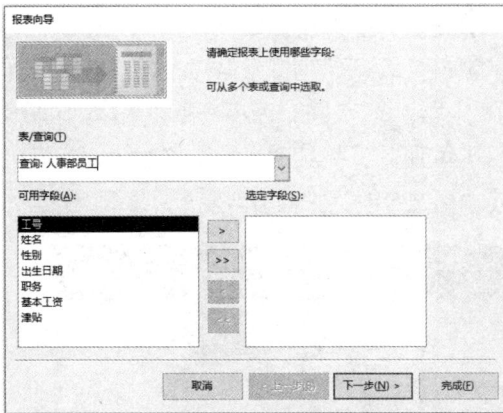

图 7.44 为报表选择字段

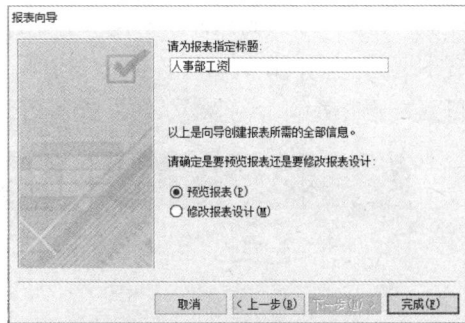

图 7.45 指定报表标题

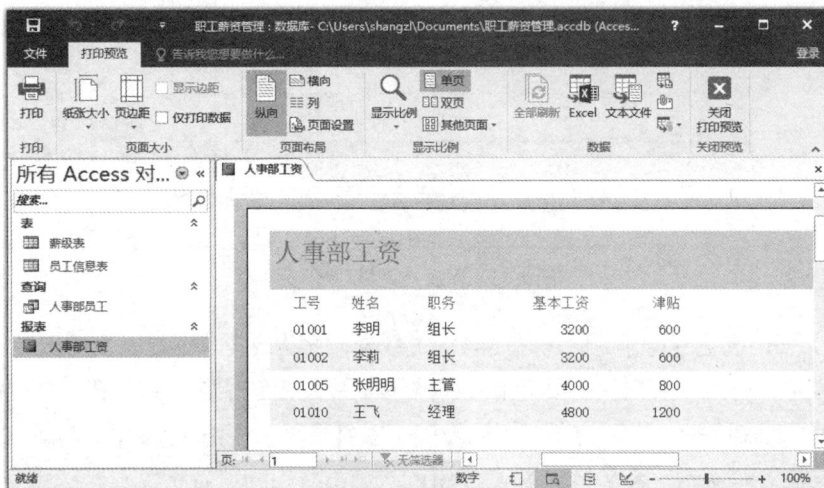

图 7.46 预览报表

③ 根据向导初步创建的报表并不能显示需要的"实发工资"项目，可关闭打印预览，进入图 7.47 所示的设计视图。

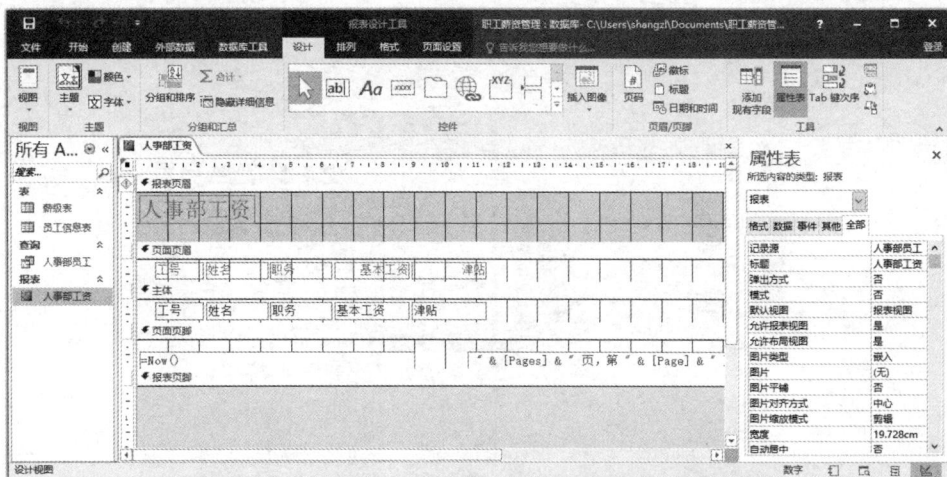

图 7.47 报表设计视图

在设计视图中，字段名称处于"页面页眉"区域，是"标签"类型，字段内容处于"主体"区域，是"文本框"类型，可以调整它们的大小及位置等属性，这里缩小一下"页面页眉"区域的"津贴"标签的宽度，在其右边添加一个标签，并命名为"实发工资"，同时缩小一下"主体"区域的"津贴"文本框的宽度，在其右边添加一个文本框，如图7.48所示，把其"名称"修改为"实发工资"，在"页面页眉"处的对应位置添加一个标签，并把其"标题"改为"实发工资"。

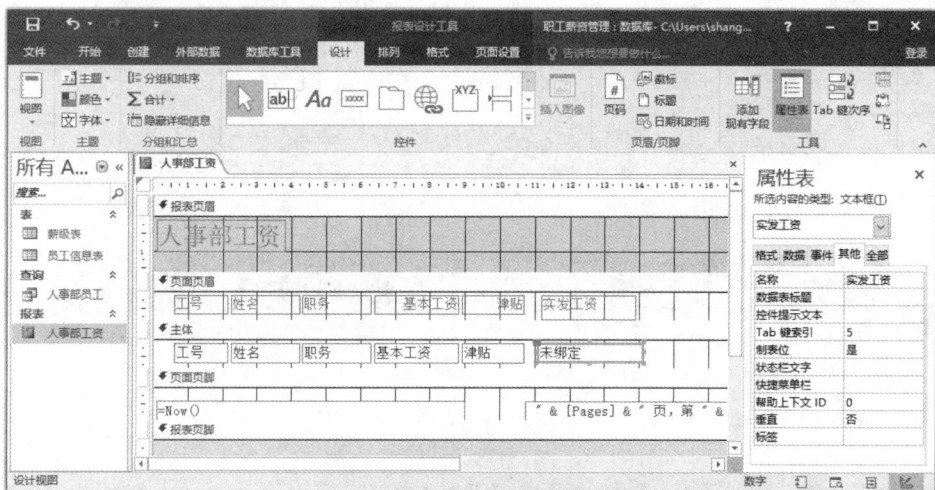

图7.48　添加"实发工资"列

"实发工资"列虽已创建好了，但它并没有绑定数据，所以该文本框并不会输出员工的实发工资。在右侧的属性表中，单击"数据"选项卡中的"控件来源"属性右侧的 ... 按钮，弹出图7.49所示的"表达式生成器"对话框，在"表达式"列表框中输入"[基本工资] + [津贴]"，或通过选择"表达式类别"中相应的内容来实现上述公式，双击"表达式类别"中的"基本工资"选项，在"表达式"列表框中输入"+"，再在"表达式类别"中双击"津贴"选项，也可生成该表达式。

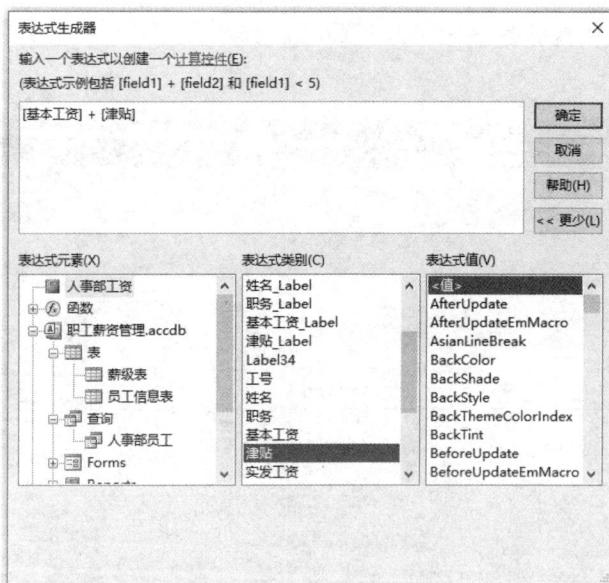

图7.49　表达式生成器

表达式生成后，单击"确定"按钮，即完成了报表设计。保存报表后，双击报表名称"人事部工资"，即可查看生成的报表，如图 7.50 所示。

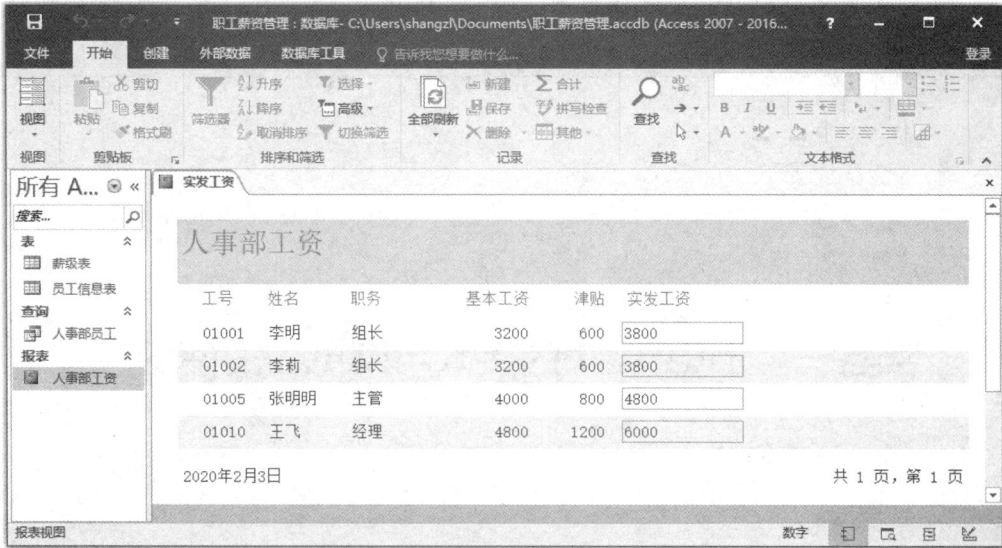

图 7.50　最终的"实发工资"报表

从图 7.50 中可以看到，每一行只有"实发工资"加有边框，其他的都没加，另外，每列显示的宽度也需要完善。如想美化报表格式，可进入报表设计视图，通过"设计""排列"和"格式"选项卡进行设计，亦可通过"页面设置"菜单进行打印排版；还可以选中某个对象，如我们添加的"实发工资"文本框，通过右边的"属性表"对这个对象进行更多的设置，如背景色、边框样式、边框颜色、字号等属性，最终完成报表的打印输出。

# 08 第8章 计算机网络与Internet应用

主教材第 8 章主要讲解了与网络有关的操作。通过对本章的学习，读者应能够正确接入和配置网络，能够熟练使用电子邮箱。

## 实验一 Internet 的接入与浏览器的使用

### 一、实验学时

2 学时。

### 二、实验目的

- 掌握 Internet 的接入方法。
- 掌握浏览器的基本操作方法。
- 学会保存网页上的信息。
- 掌握浏览器主页的设置方法。

无线路由器
上网设置

### 三、实验要求

**1. 通过 Windows 设置窗口完成网络连接**

Windows 10 系统可以非常方便地建立与 Internet 的连接：首先选择 Windows 10 的"开始"→"设置"命令（见图 8.1），进入图 8.2 所示的"Windows 设置"窗口，

图 8.1 启动"Windows 的设置"窗口

选择"网络和 Internet",进入图 8.3 所示的"网络和 Internet"窗口,然后选择用"WLAN""以太网""拨号""VPN"等方式与 Internet 相连接,不同的连接方式需要进行不同的网络设置。

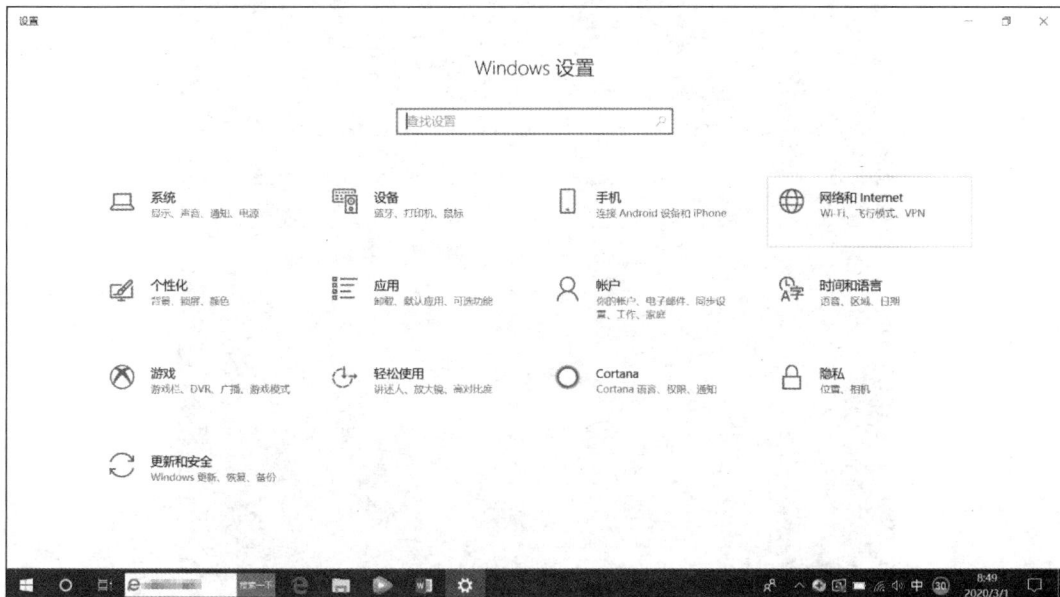

图 8.2 "Windows 设置"窗口

图 8.3 "网络和 Internet"窗口

## 2. 通过 Windows 系统的控制面板完成网络连接

选择 Windows 10 的"开始"→"Windows 系统"→"控制面板"命令,如图 8.4 所示,然后打开图 8.5 所示的"控制面板"窗口。单击"调整计算机的设置"窗口中的"网络和 Internet"选项,进入图 8.6 所示的"网络和 Internet"窗口。

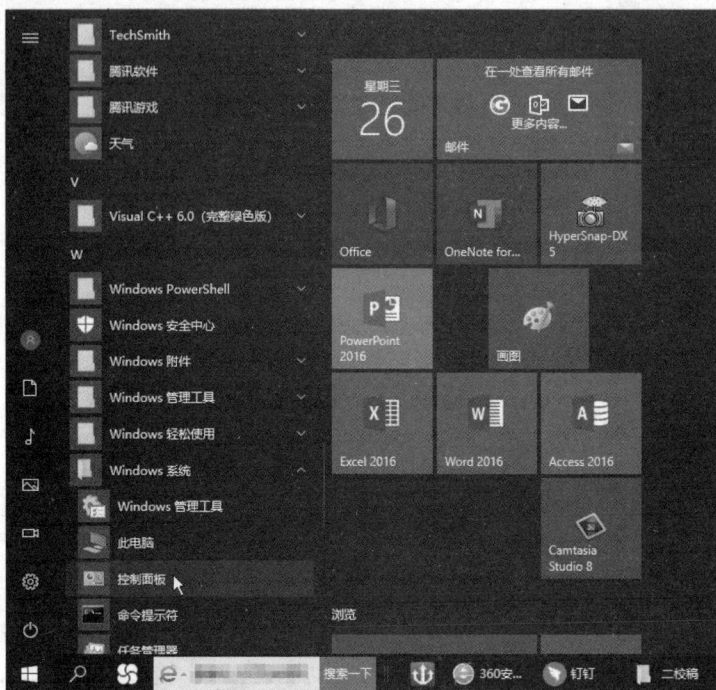

图 8.4　选择"控制面板"命令

图 8.5　"控制面板"窗口

图 8.6　"网络和 Internet"窗口

单击"网络和 Internet"窗口中的"查看网络状态和任务"选项，进入图 8.7 所示的"查看基本网络信息并设置连接"窗口。在此可以查看网络状态、诊断修复网络，也可以通过设置宽带、拨号或 VPN 连接完成与 Internet 的连接。

图 8.7　查看基本网络信息

单击"网络和 Internet"窗口中的"连接到网络"选项，进入图 8.8 所示的"宽带连接"任务窗格，在此可选择适当的宽带连接信号接入 Internet。

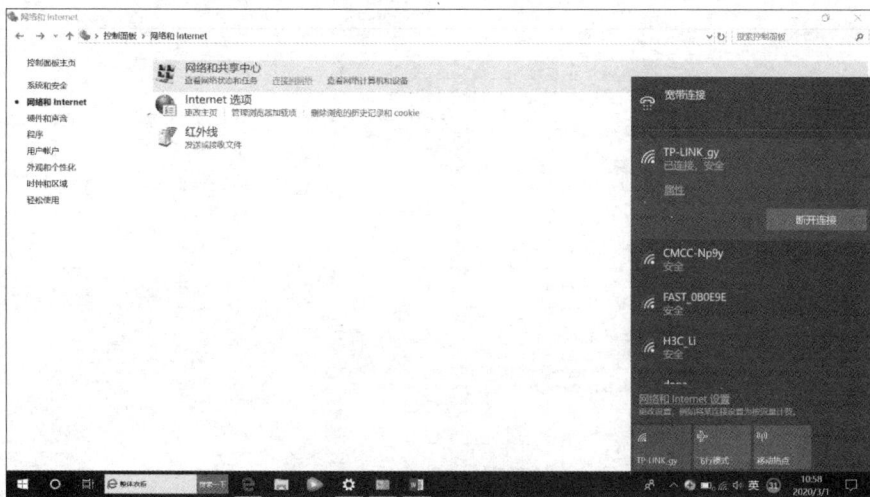

图 8.8　"宽带连接"任务窗格

3. 浏览器 Microsoft Edge 的使用

（1）启动 Microsoft Edge 浏览器

双击桌面上的 Microsoft Edge 浏览器图标，或者选择"开始"→"Microsoft Edge"命令，进入 Microsoft Edge 浏览器窗口。

（2）浏览网页信息

在浏览器的"地址栏"中输入网络地址，可以访问指定的网站，如图 8.9 所示。

Microsoft Edge 的使用

图 8.9　访问百度网站

（3）收藏网页信息

在上网时如果需要收藏当前浏览的网页信息，可以单击窗口右上方的"收藏"图标☆，之后会显示图 8.10 所示的下拉菜单，在其中设置好名称和位置后直接单击"添加"按钮即可收藏该网页。

图 8.10　收藏网页

（4）进行浏览器设置

在浏览器窗口中单击"工具"图标，选择下拉菜单中的"设置"命令（见图 8.11），打开"设置选项"对话框，在"高级"选项卡中可以设置下载、代理设置、网站权限等，如图 8.12 所示。

浏览器的设置也可以通过单击图 8.6 中的"Internet 选项"对 Internet 属性进行设置来完成，如图 8.13 所示。

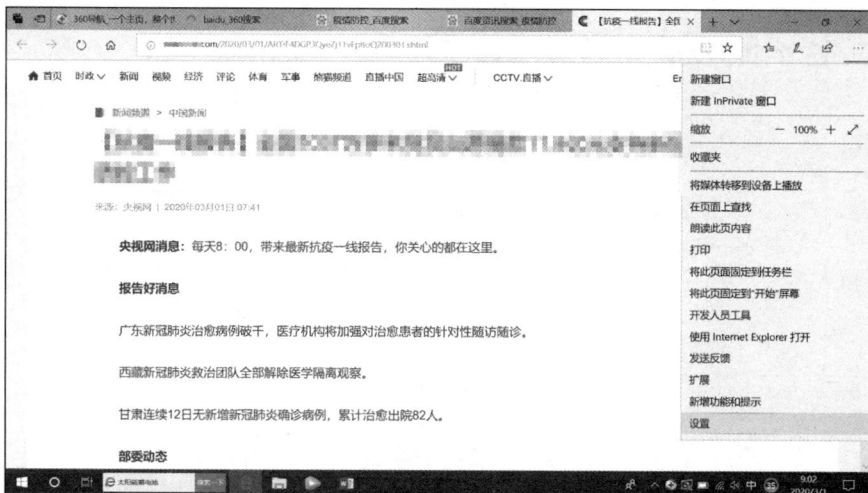

图 8.11　进入浏览器设置

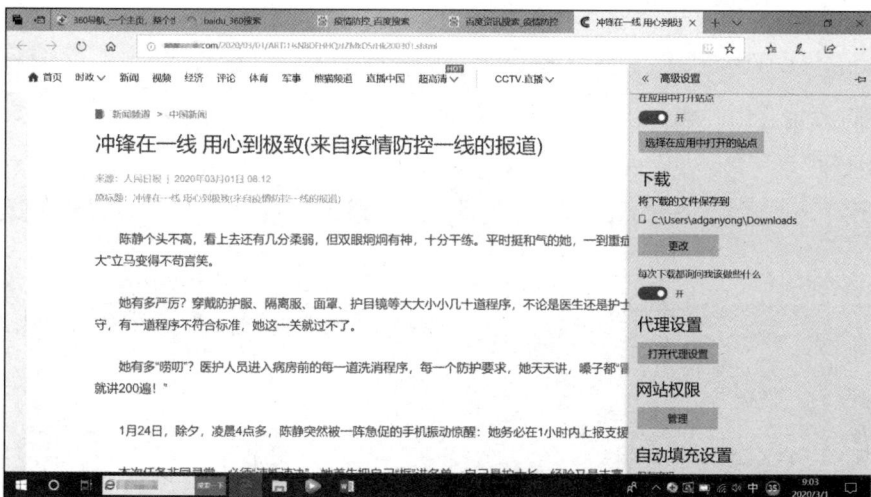

图 8.12　浏览器的设置

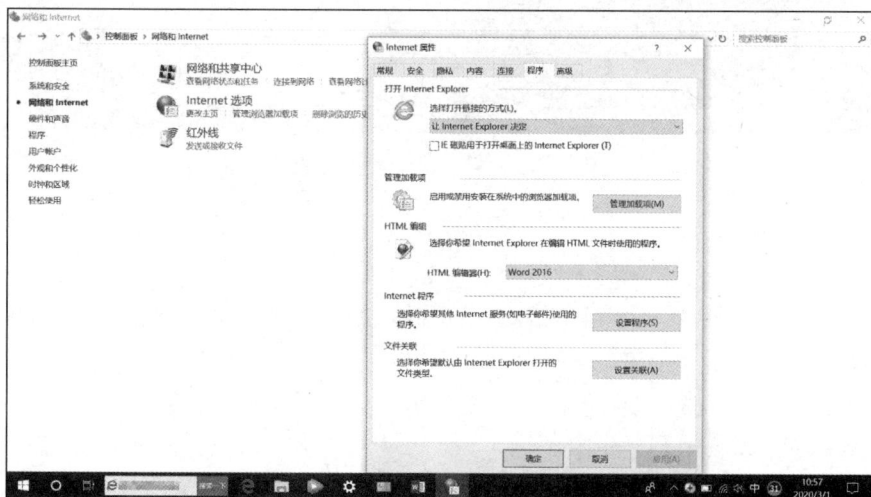

图 8.13　Internet 属性的设置

# 实验二　电子邮箱的收发与设置

## 一、实验学时

2 学时。

## 二、实验目的

- 申请一个免费的 163 电子邮箱。
- 能够进行简单的邮件管理。
- 收发电子邮件。

## 三、实验要求

### 1. 申请信箱

下面示范如何申请网易 163 免费邮箱。

（1）在浏览器地址栏中输入网易 163 免费邮箱的网址，进入"163 网易免费邮"界面，如图 8.14 所示。

图 8.14　"163 网易免费邮"首页

（2）单击图 8.14 中的"注册新账号"按钮，进入"注册网易免费邮箱"窗口，按要求输入邮箱名称、密码、手机号码等信息，如图 8.15 所示，之后单击"立即注册"按钮。

（3）在弹出的新窗口中输入网页所显示的验证码，然后单击"提交"按钮，这时可以看到系统提示邮箱注册成功的信息提示窗口。

（4）在图 8.14 所示"163 网易免费邮"界面窗口单击"密码登录"，输入账号和密码后即可进入申请的免费邮箱首页，如图 8.16 所示。

### 2. 邮件收发

（1）单击"收件箱"进入收件箱界面，查看所有收到的电子邮件列表，如图 8.17 所示。

图 8.15　"注册网易免费邮箱"窗口

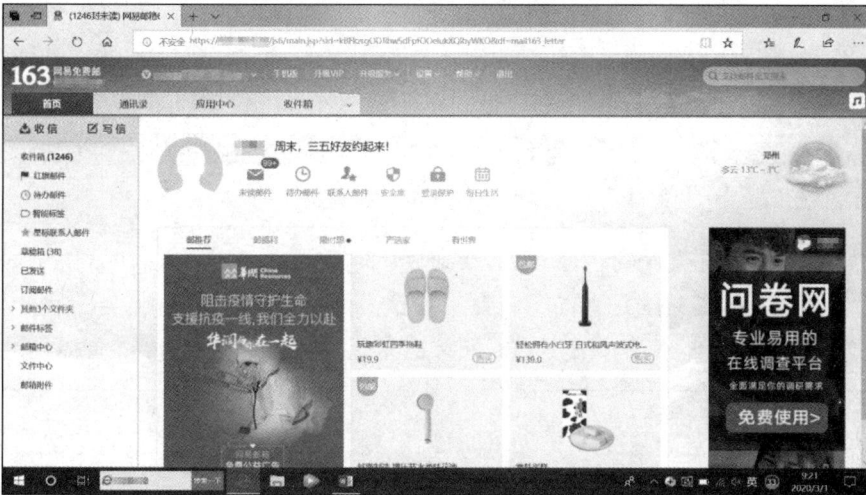

图 8.16　邮箱首页

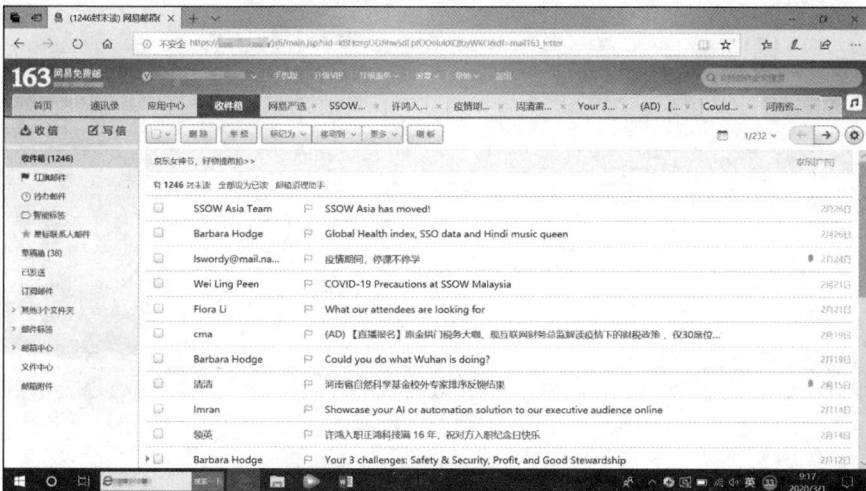

图 8.17　收件箱窗口界面

（2）单击收件箱中某一个邮件主题，即可查看此邮件的内容。

（3）单击"写信"按钮，进入发送邮件界面，在此页面设置好邮件的收件人邮箱地址、邮件的主题以及邮件内容等，如图 8.18 所示。

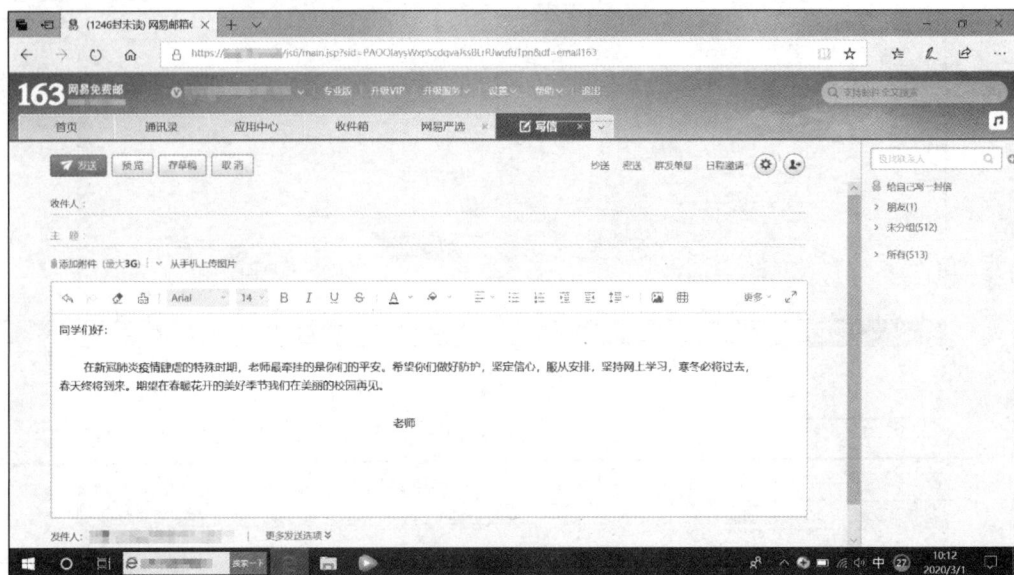

图 8.18　发邮件界面

（4）添加邮件附件。在发送邮件时，如果要发送的内容过多，可以以附件的形式发送而不必全部显示在邮件正文中。在图 8.18 所示的窗口中，单击"添加附件"按钮，将会显示加载附件的选择窗口，选择好所要上传的文件后，单击"打开"按钮即可将该文件上传，如图 8.19 所示。

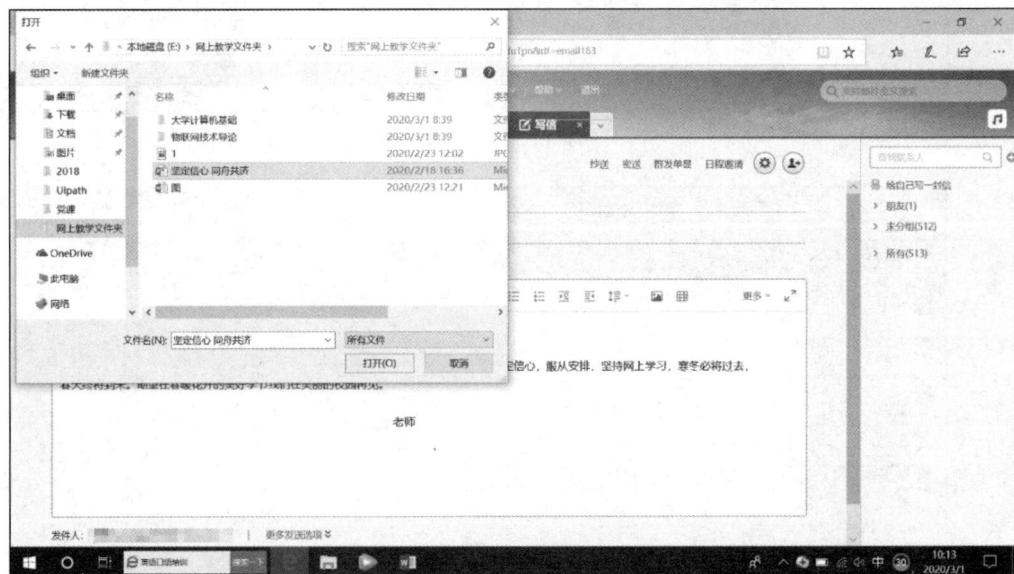

图 8.19　附件上传

如果有多个附件，可以继续单击"添加附件"按钮重复之前的操作，如果要删除某个附件，只需单击该附件右侧的"删除"按钮即可。

（5）创建地址簿。单击页面顶端的通讯录链接，进入通讯录的管理窗口，如图 8.20 所示。此页面中提供了三种方式创建联系人：可以新建一个联系人，也可以通过导入指定格式的文件来创建联系人，还可以将其他邮箱的通讯录直接导入。这里以新建联系人的方式为例来介绍创建地址簿的方法。

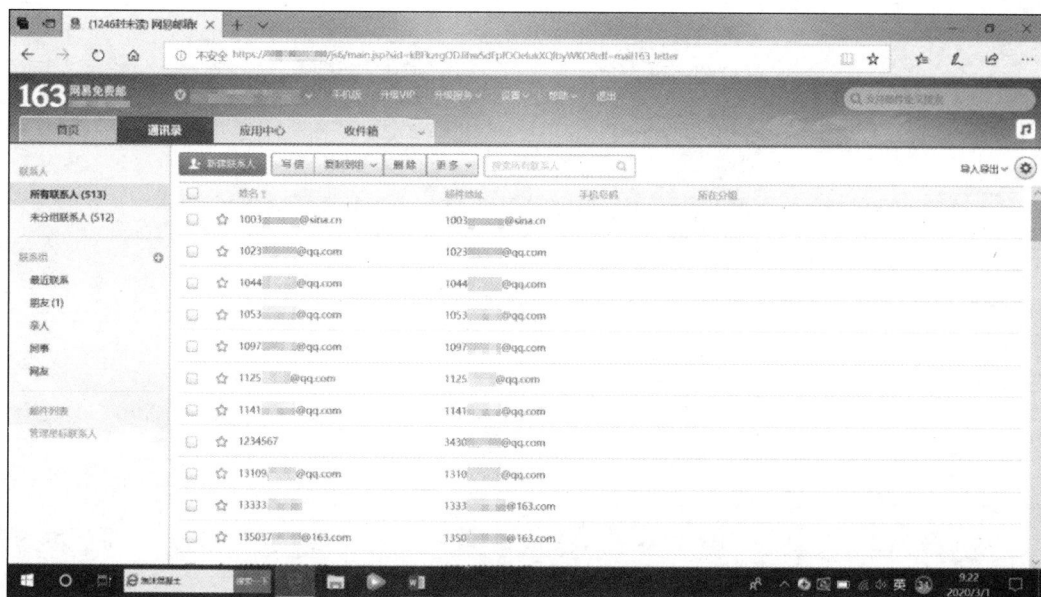

图 8.20　"通讯录"窗口

### 3. 邮箱设置

单击图 8.16 邮箱首页中的"设置"命令，就可完成邮箱密码修改、账号与邮箱中心、邮箱安全等设置，如图 8.21 所示。

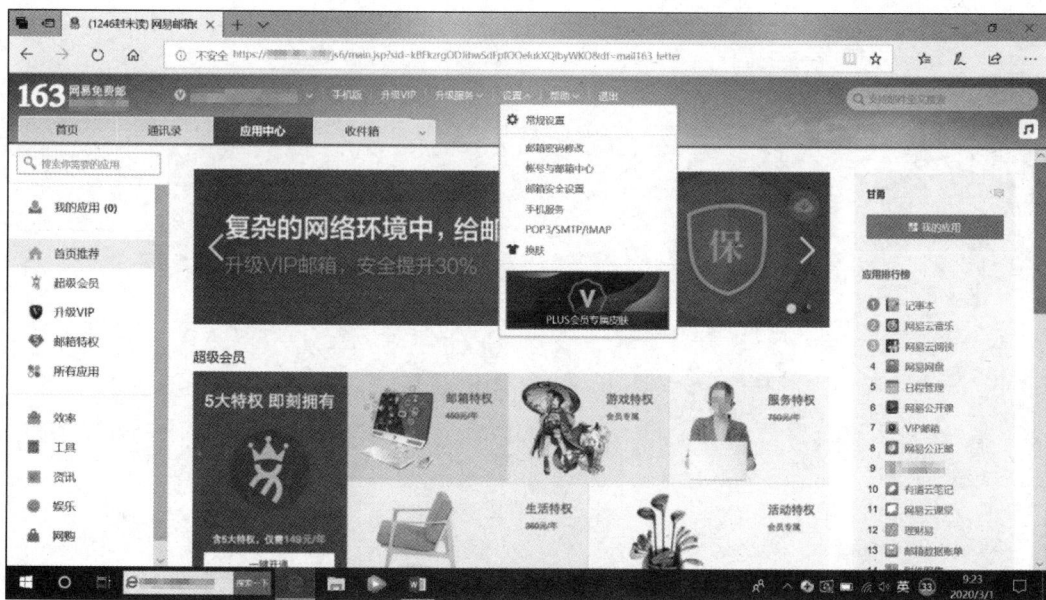

图 8.21　邮箱设置

# 本章拓展训练

1. 使用百度搜索关键词"超级计算机"，找出我国超级计算机的相关信息和世界排名。

2. 使用邮件客户端软件 Foxmail 收发邮件。

百度搜索的一
些实用技巧

Foxmail 简介

# 第9章　信息安全与职业道德

主教材第 9 章讲述了杀毒软件的使用。本章以 360 杀毒软件为例，详细介绍了软件的安装、设置以及使用。通过本章的学习，读者可以了解信息安全的必要性以及常用的预防计算机中毒的方法。我们要推进国家安全体系和能力现代化，坚决维护国家安全和社会稳定，强化网络、数据等安全保障体系建设。

## 实验　安装并使用杀毒软件

### 一、实验学时

2 学时。

### 二、实验目的

- 学会安装杀毒软件及掌握杀毒软件的启动和退出。
- 学会使用杀毒软件对计算机进行杀毒操作，保护计算机安全。

### 三、相关知识

反病毒软件同病毒的关系就像矛和盾一样，两种技术、两种势力永远在进行着较量。目前市场上有很多种类的杀毒软件，如 360 杀毒软件、瑞星杀毒软件、诺顿杀毒软件、江民杀毒软件、金山毒霸等。在本章的实验内容里，着重讲述 360 杀毒软件的安装及使用。

1. 360 杀毒软件简介

360 杀毒是 360 安全中心出品的一款免费的云安全杀毒软件。它整合了五大查杀引擎，包括国际知名的 Bitdefender 病毒查杀引擎、小红伞病毒查杀引擎、360 云查杀引擎、360 主动防御引擎以及 360 第二代 QVM 人工智能引擎。

2. 360 杀毒软件的安装

（1）启动 Windows 10 的 Microsoft Edge 浏览器。双击桌面上的 Microsoft Edge 浏览器图标，或者选择"开始"→"Microsoft Edge"命令，进入 Microsoft Edge 浏览器窗口。

（2）浏览网页信息。进入 360 杀毒软件的产品网站，如图 9.1 所示。

360杀毒软件的安装

（3）在 360 杀毒软件产品网站首页，可以看到软件正式版以及其他版本的下载按钮，如图 9.2 所示。

（4）单击 360 杀毒软件"正式版"按钮，将下载的 360 杀毒软件的安装程序保存到 C 盘，如图 9.3 所示。

图 9.1　360 杀毒软件下载页面

图 9.2　360 杀毒软件下载按钮

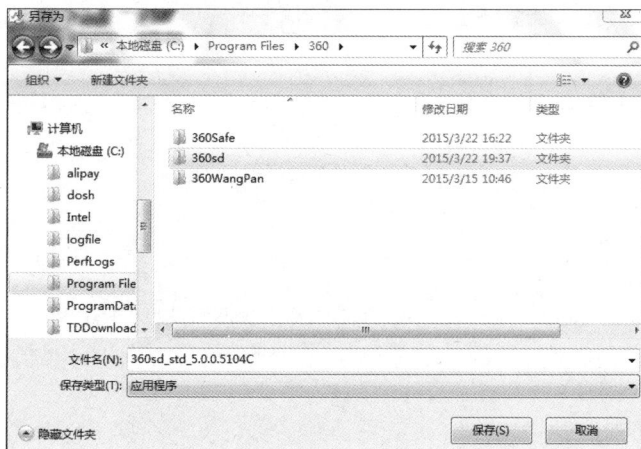

图 9.3　下载 360 杀毒软件

（5）进入 C 盘，找到下载的程序，如图 9.4 所示。

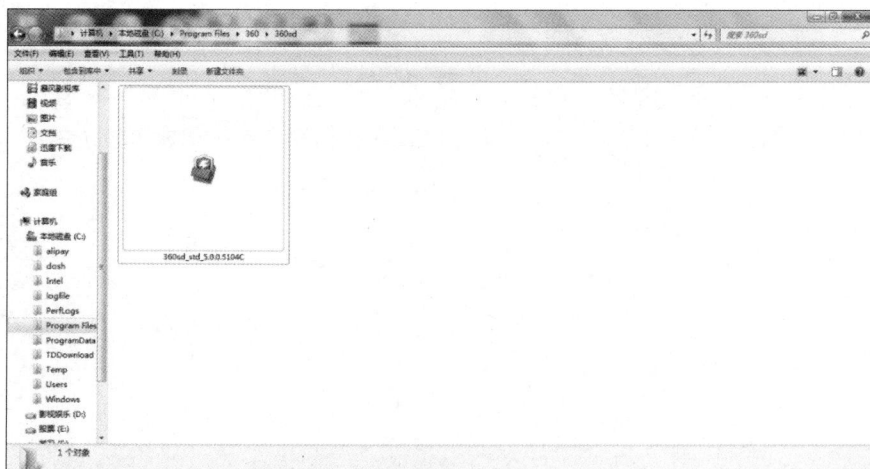

图 9.4　360 杀毒软件的安装程序

（6）双击 360 杀毒软件进行软件安装，如图 9.5 和图 9.6 所示。

图 9.5　安装 360 杀毒软件

图 9.6　360 杀毒软件安装完毕

（7）软件安装完后会自动打开 360 杀毒软件。同时在桌面的右下角会出现一个图标 ，双击这个图标也可以打开 360 杀毒软件。此时可以对计算机进行扫描，扫描完成后即可进行杀毒等操作，如图 9.7 和图 9.8 所示。

360 杀毒软件
使用技巧

图 9.7　使用 360 杀毒软件扫描计算机

图 9.8　使用 360 杀毒软件杀毒

# 本章拓展训练

1. 使用"360 安全卫士"中的"木马查杀"功能查杀木马。
2. "360 安全卫士"中"功能大全"的安装与使用。

"360安全卫士"
中"木马查杀"
的使用

"360安全卫士"
中"功能大全"
的使用

# 10

# 第10章　程序设计基础

本章以 Python 3.8.1 版本为平台，介绍软件开发环境的使用以及如何设计简单的应用程序，通过实例设计，使读者深入理解程序设计的概念、算法的特征与描述方法、结构化程序设计的原则以及程序设计的基本步骤。通过本章的实验，读者将对程序设计有初步的认识，并掌握基本的程序设计思想及方法。

## 实验一　Python 程序设计初步

### 一、实验学时

2 学时。

### 二、实验目的

- 学会使用 Python 开发环境。
- 掌握 Python 程序的格式及书写特点。
- 学会建立、编辑、运行一个简单的 Python 应用程序。
- 掌握程序调试的基本方法。

### 三、相关知识

Python 是一种面向对象的解释型计算机程序设计语言，是纯粹的自由软件。其源代码和解释器 CPython 遵循 GNU 通用公共授权（GNU General Public License，GPL）协议，语法简洁清晰，具有以下特点。

（1）Python 是一个高层次的结合了解释性、编译性、互动性和面向对象的脚本语言。

（2）Python 的设计具有很强的可读性，相比其他语言，Python 经常使用英文关键字，它具有比其他语言更有特色的语法结构。例如，Python 的特色之一是强制用空白符（White Space）作为语句缩进。

（3）Python 是一种解释型语言：在开发过程中没有编译环节。

（4）Python 是交互式语言：用户可以在一个 Python 提示符之后，直接互动编写执行程序。

（5）Python 是面向对象的语言：Python 支持面向对象的风格或代码封装在对象的编程技术。

（6）Python 是初学者的语言：Python 对初级程序员而言，是一种优秀的语言，它支持广泛的应用程序开发。

### 1. Python 开发环境的安装

（1）登录 Python 官网，根据使用的计算机选择安装文件进行下载。本书以 Windows 64 位操作系统为例。

（2）运行安装文件，打开图 10.1 所示的安装界面。将下方两个选项都选中，然后单击"Install Now"即可开始安装。

Python 开发环境的安装和介绍

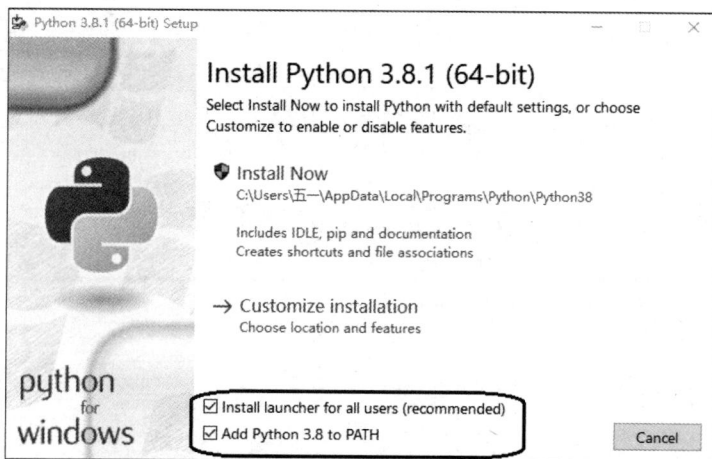

图 10.1　安装界面

### 2. 交互式编程

交互式编程不需要创建脚本文件，用户可以通过 Python 解释器的交互模式来编写代码。启动 Python IDLE 交互窗口，如图 10.2 所示，在">>>"符号之后即可输入语句。

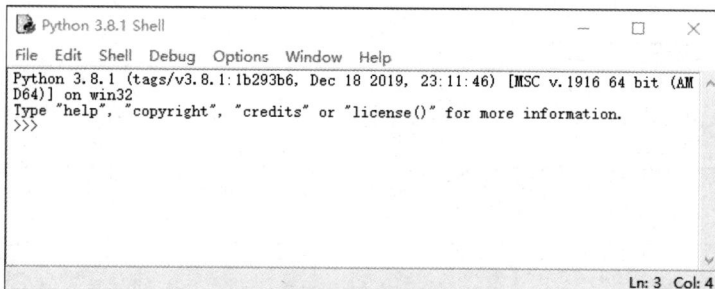

图 10.2　Python IDLE 交互窗口

在 Python 提示符">>>"后输入以下代码（注意，所有的符号均为在英文状态下输入的符号），每输入一行后按一次<Enter>键查看语句的运行结果。

```
.3+2
1.0/2
9%3
8%5
2*3
2**3
abs(-2)
```

```
pow(2,3)
round(3.1415926,3)
max(2,5,7,1)
min(2,5,7,1)
```

最终的运行结果如图 10.3 所示。

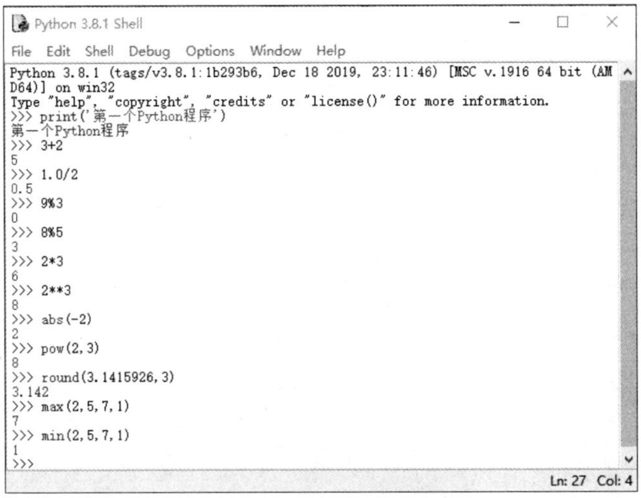

**图 10.3 交互式编程举例**

### 3. 文件式编程

在 IDLE 中按<Ctrl+N>组合键打开一个新窗口。这个窗口不是交互模式，而是一个文本编辑器。在这个文本编辑器中输入代码，如图 10.4 所示。

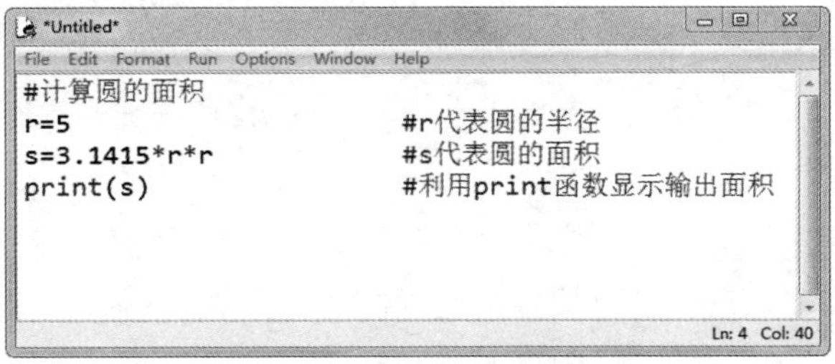

程序编写完成后，先保存再运行。按<Ctrl+S>组合键即可打开"保存"对话框，选

**图 10.4 文件式编程举例**

择好保存位置和文件名就可以将程序以文件的形式保存在计算机上，系统将 Python 程序的扩展名设为.py。保存完成后，按<F5>键即可运行程序。这时系统会自动跳转到图 10.2 所示的 Python 交互窗口显示结果。

## 四、实验范例

### 1. 按照要求完成以下程序

已知华氏温度（Fahrenheit，F）与摄氏温度（Celsius，C）之间的转换公式为：

$$C = \frac{5}{9}(F-32)$$

编程完成功能：输入摄氏温度，输出它对应的华氏温度。

具体要求如下。

（1）摄氏温度通过键盘输入，输入前要有提示信息。

（2）输出结果时要有文字说明，输出结果的小数点后取两位小数。

（3）分别输入摄氏温度-15℃、0℃、20℃、38℃、40℃，运行程序。

实验步骤如下。

① 打开 Python IDLE 环境，在 IDLE 中按<Ctrl+N>组合键打开一个新窗口。

② 在窗口中输入如下代码：

```
#输入摄氏温度，输出它对应的华氏温度。C 和 F 分别表示摄氏温度和华氏温度
C=eval(input('请输入摄氏温度'))
F=9*C/5+32
print('华氏温度为：{:.2F}'.format(F))
```

该程序是一个比较简单的顺序结构程序，依据实验题目提供的方法，摄氏温度转换成华氏温度的公式为：

$$F = \frac{9}{5}C + 32$$

程序的第 1 行是注释，对当前程序的功能进行说明。

程序的第 2 行是输入数据。input()函数用于输入摄氏温度数据，input()函数括号中的字符串是在屏幕上输出一行提示信息，告知用户等待通过键盘输入数据。在此函数之前使用的 eval()函数的功能是把通过 input()得到的字符串数据转换为数值。通过 "="赋值给变量 C。

程序的第 3 行是计算。通过转换公式把代表摄氏温度的值 C 转换为华氏温度，并赋值给代表华氏温度的变量 F。

程序的第 4 行是输出。使用 print()函数输出运算结果，并利用字符串的 format()方法进行保留两位小数的操作。

③ 按<Ctrl+S>组合键打开"保存"对话框对程序进行保存。

④ 保存完后，按<F5>键即可运行程序。

⑤ 运行程序，输入摄氏温度数据，观察输出结果是否正确（观察的方法是，把自己人工计算的结果与计算机的计算结果进行对比。若有多种情况，则需要对每种情况都进行观察），若结果有误，则应对程序进行分析及修改，然后再一次保存、运行程序并观察输出结果，重复此过程直到运行出正确的结果。

**2. 字符串运算**

熟悉字符串的特点和运算，观察运算结果。

打开 Python IDLE 环境，在 IDLE 中按<Ctrl+N>组合键打开一个新窗口。在窗口中输入如下代码。

```
#字符串的相关运算
s1="Python 语言"
t=len(s1)                    #求字符串 s1 的长度
print(t)
print(s1[0],s1[5],s1[-1])    #输出字符串 s1 中第一个、第六个和最后一个字符
print(s1[2:4])               #输出字符串 s1 中第三、第四个字符
print(s1[2:-4])              #输出字符串 s1 中第三到倒数第五个字符
print(s1[6:])                #输出字符串 s1 中第七至最后一个字符
print(s1[:])                 #输出字符串 s1 中的全部字符
s2="Python"
s3="很有趣！"
print(s2 in s1)              #判断字符串 s2 是否是 s1 的子串
s4=s1+s3                     #将字符串 s1 和 s3 连接成新的字符串 s4
print(s4*3)                  #将字符串 s4 复制 3 次后输出
```

字符串的运算

运行结果如图 10.5 所示。

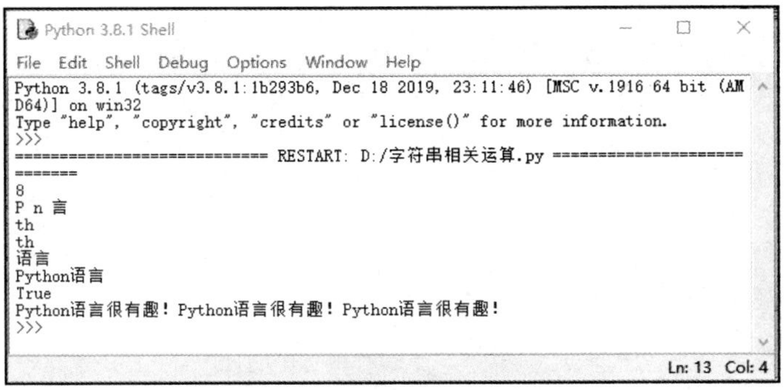

```
Python 3.8.1 Shell
File Edit Shell Debug Options Window Help
Python 3.8.1 (tags/v3.8.1:1b293b6, Dec 18 2019, 23:11:46) [MSC v.1916 64 bit (AMD64)] on win32
Type "help", "copyright", "credits" or "license()" for more information.
>>>
=========================== RESTART: D:/字符串相关运算.py ===========================
8
P n 言
th
th
语言
Python语言
True
Python语言很有趣！Python语言很有趣！Python语言很有趣！
>>>
Ln: 13 Col: 4
```

图 10.5　字符串相关运算结果

3. 实际应用

编写一个程序用于水果店售货员结账：已知苹果 4.50 元/斤，鸭梨 2.20 元/斤，香蕉 3.00 元/斤，橙子 4.60 元/斤。

具体要求如下。

（1）输入各类水果的重量（输入前要有提示信息），计算并输出应付钱数，且输出结果要有文字说明。

（2）再输入顾客实际付款数，计算并输出应找钱数，且输出结果要有文字说明。

在窗口中输入如下代码：

```
#购物
ap=eval(input("请输入苹果重量："))
pe=eval(input("请输入鸭梨重量："))
ba=eval(input("请输入香蕉重量："))
og=eval(input("请输入橙子重量："))
sum=ap*4.5+pe*2.2+ba*3.0+og*4.6
print("商品总价为：{}元".format(sum))
pay=eval(input("顾客支付金额："))
back=pay-sum
print("找零：{}元".format(back))
```

注意语句的顺序，观察各个语句如果调换顺序，结果是否会有错误。

程序运行结果如图 10.6 所示。

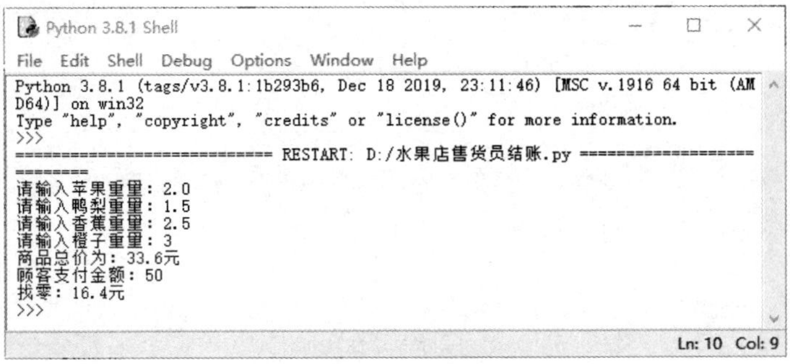

```
Python 3.8.1 Shell
File Edit Shell Debug Options Window Help
Python 3.8.1 (tags/v3.8.1:1b293b6, Dec 18 2019, 23:11:46) [MSC v.1916 64 bit (AMD64)] on win32
Type "help", "copyright", "credits" or "license()" for more information.
>>>
=========================== RESTART: D:/水果店售货员结账.py ===========================
请输入苹果重量：2.0
请输入鸭梨重量：1.5
请输入香蕉重量：2.5
请输入橙子重量：3
商品总价为：33.6元
顾客支付金额：50
找零：16.4元
>>>
Ln: 10 Col: 9
```

图 10.6　水果店结账计算

## 五、实验要求

在 Python 3.x 环境下以文件式编程运行下列程序，要求熟练掌握 Python 语言的开发和运行环境。

### 1. 字符拼接

代码如下：

```
#字符拼接
str1=input("请输入一个人的名字：")
str2=input("请输入一个地名：")
print("世界那么大，{}想去{}看看。".format(str1,str2))
```

请尝试更改文字内容或大括号的位置。

### 2. 求 1～n 的和

代码如下：

```
#求 1～n 的和，并将结果给 sum
n=eval(input("请输入一个整数"))
sum=0
for i in range(n+1):
    sum=sum+i
print("1 到 n 的和是：",sum)
```

请尝试输入不同的 n 值测试结果。

# 实验二　程序设计基础

## 一、实验学时

2 学时。

## 二、实验目的

- 了解程序设计的过程。
- 掌握顺序结构的应用方法。
- 了解选择结构。
- 了解循环结构（如 for 遍历循环和 while 无限循环）。
- 了解列表、字典的概念。

## 三、相关知识

结构化程序设计提出了顺序结构、选择结构和循环结构三种基本的程序结构。一个程序无论大小都可以由这三种基本结构搭建而成。

### 1. 顺序结构

顺序结构要求程序中的各个操作按照它们书写的先后顺序执行。这种结构的特点是程序从入口点开始，按顺序执行所有操作，直到出口点处。顺序结构是一种简单的程序设计结构，它是最基本、最常用的结构，是任何从简单到复杂的程序的主体基本结构。

## 2. 选择结构

选择结构（也叫分支结构）是指程序的处理步骤出现了分支，它需要根据某一特定的条件选择其中的一个分支执行。它包括两路分支选择结构和多路分支选择结构。其特点是根据所给定的选择条件的真（分支条件成立，常用 Y 或 True 表示）与假（分支条件不成立，常用 N 或 False 表示），来决定从不同的分支中执行某一分支的相应操作，并且任何情况下都有"无论分支多寡，必择其一；纵然分支众多，仅选其一"的特性。

常用的 Python 选择结构语句是 if 结构条件语句。

## 3. 环结构

所谓循环，是指一个客观事物在其发展过程中，从某一环节开始有规律地重复相似的若干环节的现象。循环的各子环节具有"同处同构"的性质，即它们"出现位置相同，构造本质相同"。程序设计中的循环，是指在程序设计中，从某处开始有规律地反复执行某一操作块（或程序块）的现象，并称重复执行的该操作块（或程序块）为它的循环体。

Python 循环语句主要分为两种：遍历循环 for 语句和无限循环 while 语句。

## 4. 程序编写的基本方法

无论程序的规模如何，每个程序都有统一的运算模式：输入数据、处理数据和输出数据。这种运算模式就形成了程序的编写方法：IPO（Input，Process，Output）。

（1）输入（Input）是程序要处理的数据的来源。输入的方式有多种，如文件输入、网络输入、控制台输入、交互界面输入、随机数据输入、内部参数输入等。

（2）处理（Process）是程序对输入数据进行计算产生输出结果的过程。计算问题的处理方法统称为"算法"。

程序的编写
方法

（3）输出（Output）是程序显示运算结果的方式。程序的输出方式有控制台输出、图形输出、文件输出、网络输出、操作系统内部变量输出等。

以计算圆的面积为例，IPO 描述如下。

```
#计算圆的面积
r=5                    #输入：圆半径
s=3.1415*r*r           #处理：计算圆面积
print(s)               #输出：圆的面积
```

## 5. 解决问题的基本步骤

解决问题可分为如下几步。

① 分析问题。

② 设计算法。

③ 编写程序。

④ 调试测试。

⑤ 升级维护。

以"猴子摘桃"为例：一个猴子摘了一堆桃子。第一天吃了一半，又多吃一个。第二天还是吃了一半，又多吃一个。它每天如此，到第 5 天时只剩一个桃子了。编写程序，计算猴子第一天共摘了多少个桃子？

（1）分析问题，确定算法

假如用 $T_i$ 表示第 i 天的桃子数。

根据题目描述：

第 5 天剩 1 个桃子，$T_5=1$。

第 4 天剩下的桃子数，$T_4=2×(T_5+1)$。

第 3 天剩下的桃子数，$T_3=2×(T_4+1)$。

第 2 天剩下的桃子数，$T_2=2×(T_3+1)$。

第 1 天剩下的桃子数，$T_1=2×(T_2+1)$。

因此得到公式：$T_n=2×(T_{n+1}+1)$ (n=4，3，2，1)。

假设程序中用 T 表示每天的桃子数。

用循环控制执行 4 次 $T=2×(T+1)$，即可得到要求的结果。

（2）算法的表示

算法流程图如图 10.7 所示。

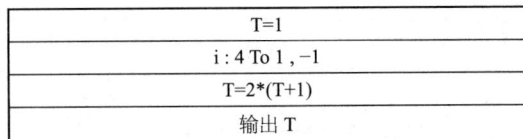

| T=1 |
|---|
| i : 4 To 1 , −1 |
| T=2*(T+1) |
| 输出 T |

图 10.7　算法流程图

（3）编写程序

```
#猴子摘桃
t=1
for i in range(5,0,-1):
  t=2*(t+1)
print(t)
```

最后对程序进行调试、测试。

### 6. 数字和字符串

（1）数字类型

整型：Python 3.x 版本的整型数据的长度在理论上不受限制，只限于计算机的存储空间，所以可以进行大数的计算。

浮点型：带有小数部分的数据就是浮点型数据。Python 规定浮点型必须有小数部分。可以用 E 表示法来表示数据，如 0.00000000025 可表示为 2.5E−10。

复数：在 Python 中复数表示为 a+bj 的形式，a 为实部，虚部通过后缀 J 或 j 表示。

（2）字符串

字符串类型常用于表示文本数据。在 Python 语言中，出现在两个单引号（'）或者两个双引号（"）中的内容，都被视为字符串类型数据。字符串和数字是截然不同的数据类型。例如在 Python IDLE 交互环境中输入 5+8，那么会得到结果 13。如果输入的是'5'+'8'，则得到的结果是'58'，就形成了字符串的拼接。

### 7. 函数

函数是一段组织好的程序代码，用来实现一定的功能，方便用户重复使用。函数能提高应用的模块性和代码的重复利用率。Python 提供了许多内部函数，如 input()、pow()、max()等，用户可以直接调用。Python 也允许用户创建函数，这类函数叫作用户自定义函数。

## 四、实验范例

### 1. 顺序结构

每天努力 1‰和每天放松 1‰，一年 365 天下来会相差多少？以第一天为基础，记为 1.0。

参考程序如下：

```
#努力和放松的差别
import math                              #引入 math 库
dayup=math.pow((1.0+0.001),365)          #pow 函数为求指数函数
daydown=math.pow((1.0-0.001),365)
print("努力的结果: {:.2f},放松的结果: {:.2f}".format(dayup,daydown))   #输出结果
```

输出结果为：

努力的结果: 1.44,放松的结果: 0.69

### 2. 分支结构

（1）判断数字是正数、负数或零

参考程序如下：

```
num = float(input("输入一个数字: "))
if num > 0:
    print("正数")
elif num == 0:
    print("零")
else:
    print("负数")
```

（2）企业发放的奖金根据利润提成

利润（i）低于或等于 10 万元时，奖金可提 10%；利润高于 10 万元，低于或等于 20 万元时，低于 10 万元的部分按 10%提成，高于 10 万元的部分，可提成 7.5%；利润在 20 万元到 40 万元之间时，高于 20 万元的部分，可提成 5%；利润在 40 万元到 60 万元之间时，高于 40 万元的部分，可提成 3%；利润在 60 万元到 100 万元之间时，高于 60 万元的部分，可提成 1.5%；利润高于 100 万元时，超过 100 万元的部分按 1%提成。从键盘输入当月利润 i，求应发放奖金的总数。

**提示：**可利用数轴来分界定位。

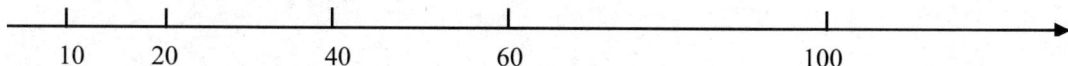

在写程序时，最好根据各条件在数轴上的位置，从一端开始（本例是从 10 万元开始），依次写到另一端（本例是 100 万元），这样，可以很方便地利用"elif <=X"进行判断，而不必利用"elif i<=X and i>Y"复杂的形式。

参考程序如下：

```
#奖金发放
bonus1 = 100000 * 0.1
bonus2 = bonus1 + 100000 * 0.075
bonus4 = bonus2 + 200000 * 0.05
```

```
bonus6 = bonus4 + 200000 * 0.03
bonus10 = bonus6 + 400000 * 0.15
i = int(input('输入收入:\n'))
if i <= 100000:
    bonus = i * 0.1
elif i <= 200000:
    bonus = bonus1 + (i - 100000) * 0.075
elif i <= 400000:
    bonus = bonus2 + (i - 200000) * 0.05
elif i <= 600000:
    bonus = bonus4 + (i - 400000) * 0.03
elif i <= 1000000:
    bonus = bonus6 + (i - 600000) * 0.015
else:
    bonus = bonus10 + (i - 1000000) * 0.01
print('bonus = ',bonus)
```

### 3. 遍历循环 for 语句

（1）打印九九乘法表

参考程序如下：

```
for i in range(1,10):
    for j in range(1,10):
        print(i,'x',j,'=',i*j,end="  ")
    print("")
```

这是一个双层循环，外层循环为被乘数，内层为乘数。外层循环变量 i 取得一个数后，内层循环变量 j 将会从 1 取到 9 遍历一遍。这是循环嵌套的特点。end="   "语句是为了该句 print 输出完之后添加空格并且不换行。注意第 4 行的 print 语句的位置。这个 print 语句是一个换行操作，其位置是保证内层循环一遍之后再换行。输出结果如图 10.8 所示。

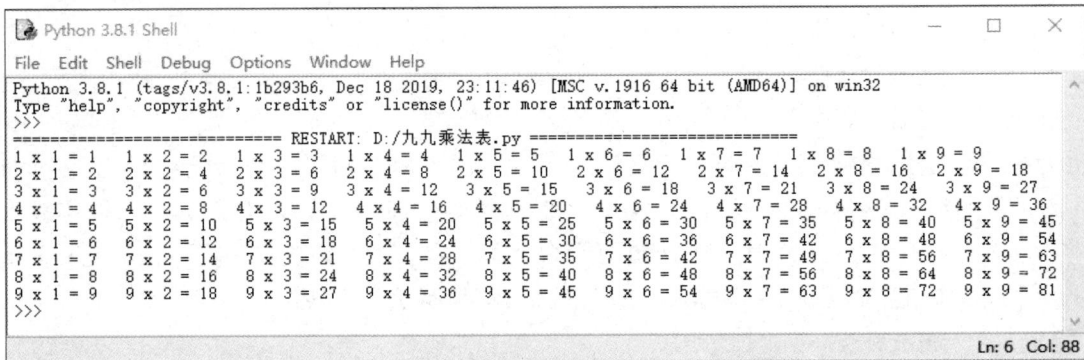

图 10.8　九九乘法表

在图 10.8 中可以看出格式并未完全对齐，下面对程序进行修改。

参考程序如下：

```
#改进的九九乘法表
for i in range(1,10):
    for j in range(1,10):
        if i*j>9:
            print(i,'x',j,'=',i*j,end="  ")
        else:
            print(i,'x',j,'=',i*j,end="   ")
    print("")
```

输出结果如图 10.9 所示。

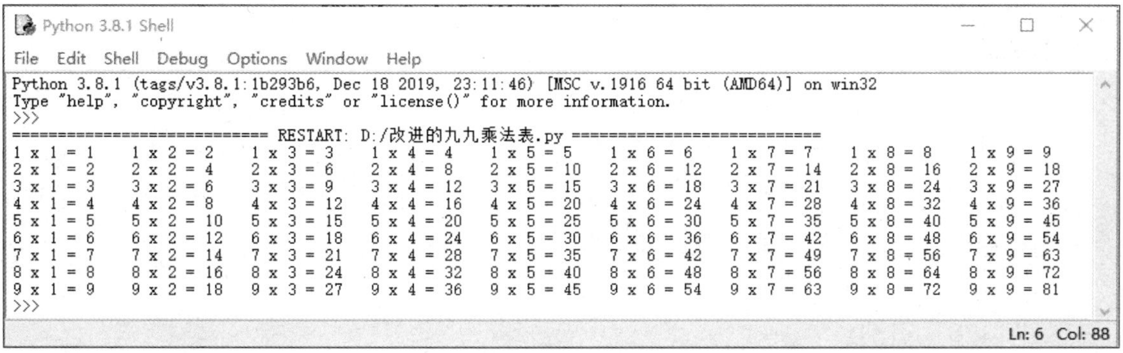

图 10.9　改进的九九乘法表

在这个改进程序中，加入了条件语句，对 i*j 的结果进行判断，如果 i*j 的结果大于 9，则在这个算式的末尾添加三个空格，否则添加四个空格。

（2）凯撒密码

凯撒密码指用替换方法对文本中的英文字母循环替换为字母表序列中该字符后面的第三个字符。即 A 替换为 C，K 替换为 N，Z 替换为 C。原文字符设为 t，那么它的密文字符 c 应满足如下条件：

c=(t+3)mod 26

解密方法：

t=(c-3)mod 26

参考程序如下：

```
#凯撒密码
yw=input("请输入英文明文：")
for t in yw:
    if ord("a")<=ord(t)<=ord("z"):
        print(chr(ord("a")+(ord(t)-ord("a")+3)%26),end="")
    else:
        print(t,end="")
```

运行结果如图 10.10 所示。

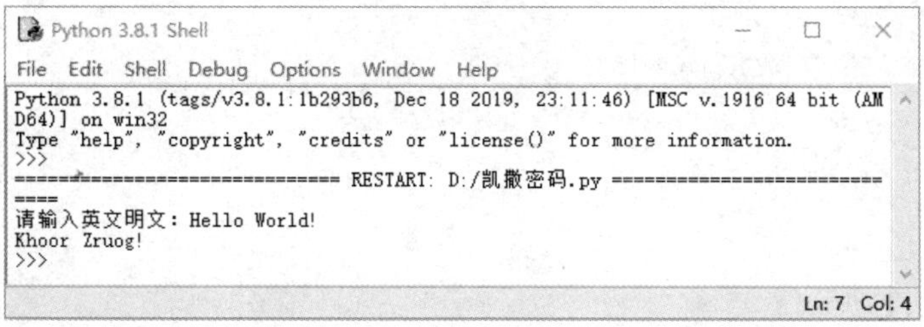

图 10.10　凯撒密码运行结果

在这个程序中，变量 t 遍历字符串 yw 中的每一个字符进行转换。

### 4. 无限循环 while 语句

随机生成一个 1～10 的数字，让用户来猜，当猜错时，会提示猜的数字是大了还是小了，直到用户猜对为止。

参考程序如下：

```python
#猜数字游戏
import random
secret = random.randint(1,10)
print('------猜数字游戏! -----')
guess = 0
while guess != secret:
    temp = input('猜数字游戏开始，请输入数字：')
        guess = int(temp)
    if guess > secret:
        print('您输入的数字大了! ')
    elif guess<secret:
        print('您输入的数字小了! ')
if guess == secret:
    print('恭喜，您猜对了! ')
    print('游戏结束，再见! ^_^')
```

无限 while 循环的特点就是根据某些特定的条件执行循环语句，在用户没有猜中数字时继续游戏直到猜中退出游戏。

### 5. 列表

石头剪刀布游戏。参考程序如下：

```python
#石头剪刀布游戏
import random
while 1:
    s = int(random.randint(1, 3))
    if s == 1:
        ind = "石头"
    elif s == 2:
        ind = "剪子"
    elif s == 3:
        ind = "布"
    m = input('输入 石头、剪子、布,输入"end"结束游戏:')
    blist = ['石头', "剪子", "布"]
    if (m not in blist) and (m != 'end'):
        print("输入错误，请重新输入! ")
    elif (m not in blist) and (m == 'end'):
        print("\n游戏退出中...")
        break
    elif m == ind :
        print("计算机出了： " + ind + "，平局! ")
    elif (m == '石头' and ind =='剪子') or (m == '剪子' and ind =='布') or
(m == '布' and ind =='石头'):
        print("计算机出了： " + ind +"，你赢了! ")
    elif (m == '石头' and ind =='布') or (m == '剪子' and ind =='石头') or
(m == '布' and ind =='剪子'):
```

Python 的
列表和字典

```
print("计算机出了: " + ind +", 你输了! ")
```

## 五、实验要求

能够熟练进行交互式及文件式编程的操作方法。

能够掌握程序的编写方法。

熟悉程序设计中的三种程序结构，能够针对不同的应用选择相应的程序结构语句，先编写出程序代码。

完成以下程序，并运行调试。

（1）输入一门课程的成绩，判断是否及格。

（2）求函数 $y$ 的值。

$$y = \begin{cases} 1 & x > 0 \\ 0 & x = 0 \\ -1 & x < 0 \end{cases}$$

（3）输入一门课程的成绩（0～100分），输出对应的等级（优秀、良好、中等、及格和不及格）。

其中，0～59 分为不及格，60～69 分为及格，70～79 分为中等，80～89 分为良好，90～100 分为优秀。

（4）求出三位数中所有的水仙花数。水仙花数是指各个位上数字的立方和等于该数本身。例如，$153 = 1^3 + 5^3 + 3^3$。

# 本章拓展训练

（1）利用 turtle 绘制图 10.11 所示的三个同切圆。

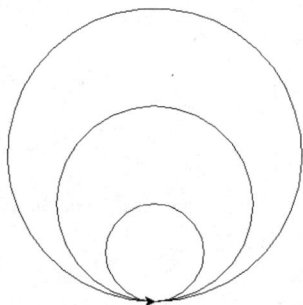

图 10.11　同切圆

代码如下：

```
#绘制三个同切圆
import turtle
turtle.pensize(1)
turtle.circle(50)
turtle.circle(100)
turtle.circle(150)
```

请尝试更改画笔尺寸、颜色和圆的半径，并观察效果。

（2）利用 turtle 绘制图 10.12 所示的螺旋线。

代码如下：

```
#绘制斜螺旋线
import turtle
turtle.speed("fastest")
turtle.pensize(2)
for x in range(100):
turtle.forward(2*x)
turtle.left(91)
```

请尝试修改各个参数，并观察效果。

（3）利用 turtle 绘制图 10.13 所示的星形图。

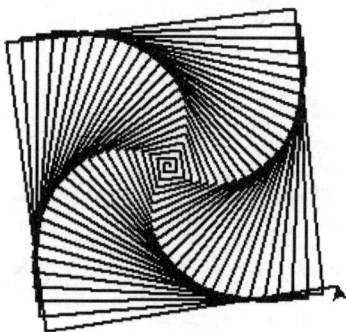

图 10.12　螺旋线图

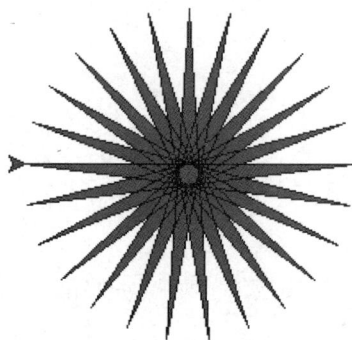

图 10.13　星形图

代码如下：

```
import turtle
t=turtle.Pen()
t.pensize(1)
t.fillcolor("red")
t.pencolor("black")
t.begin_fill()
m=25
n=50
for i in range(0,m):
    t.forward(200)
    t.right(180-360/n)
t.end_fill()
```

修改程序中 m 和 n 的值，观察图形的变化情况。

Python 第三
方库介绍

# 11 第11章 网页制作

主教材第 11 章以 Dreamweaver 20 为例，详细介绍了网页的设计方法，包括网站与网页的关系，网页中文本、图像、声音、表格、表单等的处理方法。通过本章的学习，读者可掌握网页设计的基本思想和方法，从而实现简单网页的设计。

## 实验一　网站的创建与基本操作

### 一、实验学时

1 学时。

### 二、实验目的

- 熟悉 Dreamweaver 20 的开发环境。
- 了解网页与网站的关系。
- 了解构成网站的基本元素。
- 掌握在网页中插入图像、文本的方法。
- 掌握网页中文本属性的设置方法。
- 了解网页制作的一般步骤。

创建本地网站

### 三、相关知识

网站是由网页通过超链接形式组成的。网页是构成网站的基本单位，当用户通过浏览器访问一个站点的信息时，被访问的信息最终会以网页的形式显示。网页上最常见的功能组件元素包括站标、导航栏、广告条，而色彩、文本、图片和动画则是网页最基本的信息形式和表现手段。

Dreamweaver 20 是 Macromedia 公司开发的专业网页制作软件，深受网页设计人员的青睐。它不仅可以用来制作出兼容不同浏览器和版本的网页，同时还具有很强的站点管理功能，是一款"所见即所得"的网页编辑软件，适合不同层次的人使用。

### 四、实验范例

制作一个简单的个人主页，完成效果如图 11.1 所示。

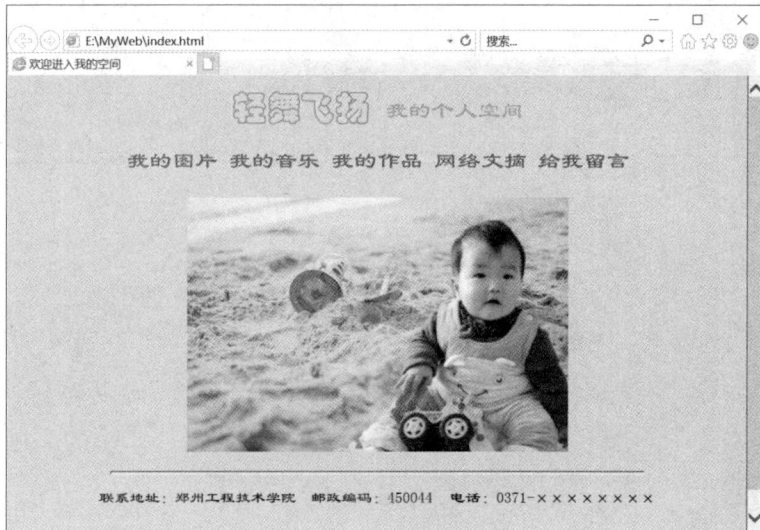

图 11.1　个人主页

（1）创建站点文件夹

创建网页前，先要为网页创建一个本地站点，用来存放网页中的所有文件。首先在本地计算机的硬盘上创建一个文件夹，如在本地磁盘 E 盘下创建一个名称为 **MyWeb** 的文件夹，用来存放站点中的所有文件，并在该文件夹下创建一个子文件夹 **Images**，用来存放站点中的图像。

（2）创建本地站点

启动 Dreamweaver 20，进入 Dreamweaver 20 的界面。选择"站点"→"新建站点"命令，在弹出的"站点设置对象"对话框中单击"站点"标签，设置站点名称，如"我的个人网站"，并设置本地站点文件夹。然后单击"高级设置"标签，设置默认图像文件夹，本地根文件夹和默认图像文件夹是上一步中创建的文件夹 "E:\MyWeb\" 和 "E:\MyWeb\Images"，如图 11.2 和图 11.3 所示。

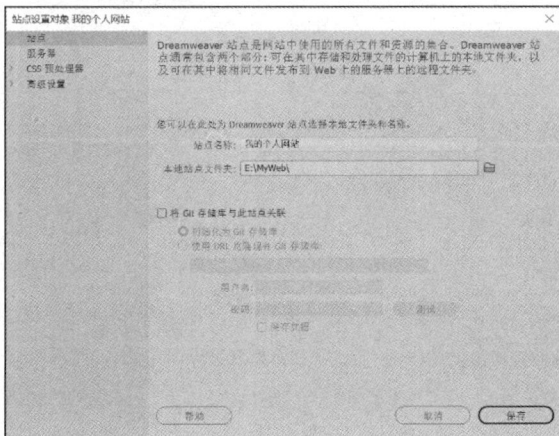

图 11.2　创建本地站点 1

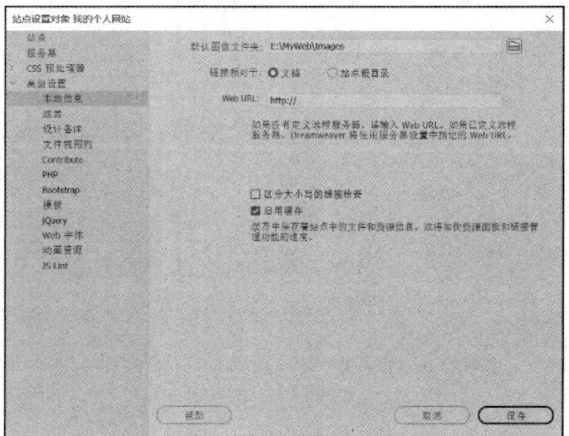

图 11.3　创建本地站点 2

（3）新建文档

选择"文件"菜单中的"新建"命令，或者按<Ctrl+N>组合键，在弹出的"新建文档"对话框中选择文档类型 HTML，在"标题"文本框中输入网页标题"欢迎进入我的空间"，如图 11.4 所示。

单击"创建"按钮，即可创建一个网页文档。

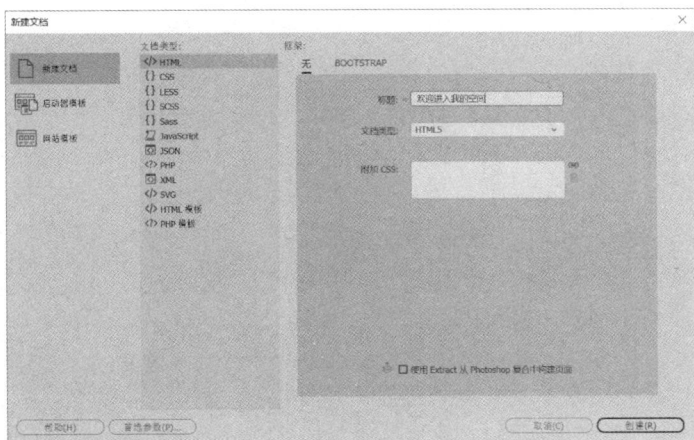

图 11.4　新建文档

（4）保存文档

选择"文件"→"保存"命令，或者按<Ctrl+S>组合键，在弹出的"另存为"对话框中，选择保存文档到本地站点的根目录下，并命名为"index.html"，如图 11.5 所示，单击"保存"按钮保存文档，文件名随即显示在应用窗口标题栏中。

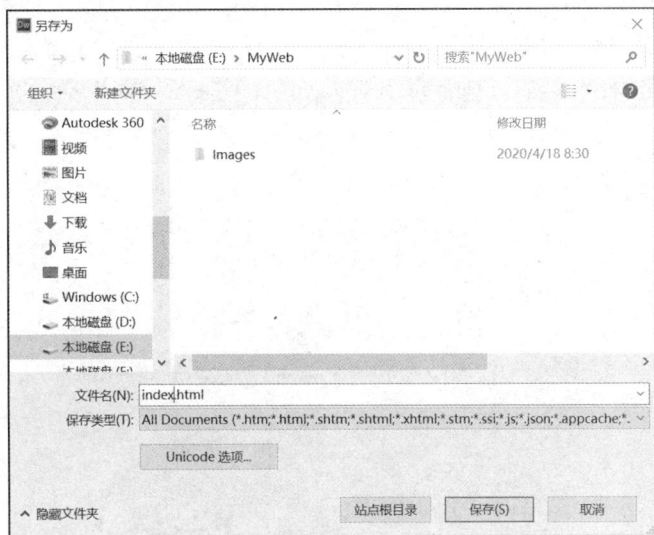

图 11.5　保存文档

（5）输入文本，设置网页的主题和导航条，并设置文本属性

在第一行输入网页的主题，如"轻舞飞扬 我的个人空间"，在"属性"面板中选择 CSS 设置该文本的格式信息，如将"轻舞飞扬"4 个字的字体设置为华文彩云，大小为 36 点，文本颜色为#FF6666，"我的个人空间"字体设置为隶书，大小为 24 点，颜色为#FF9900，文本均居中显示。

按回车键换行，依次输入"我的图片""我的音乐""我的作品""网络文摘"和"给我留言"作为站点页面的导航栏，在每个栏目之间输入一个空格。选中所输入的文本，在文本的"属性"面板中将字体设置为隶书，大小为 24 点，颜色为#FF00CC，居中对齐，如图 11.6 所示。

147

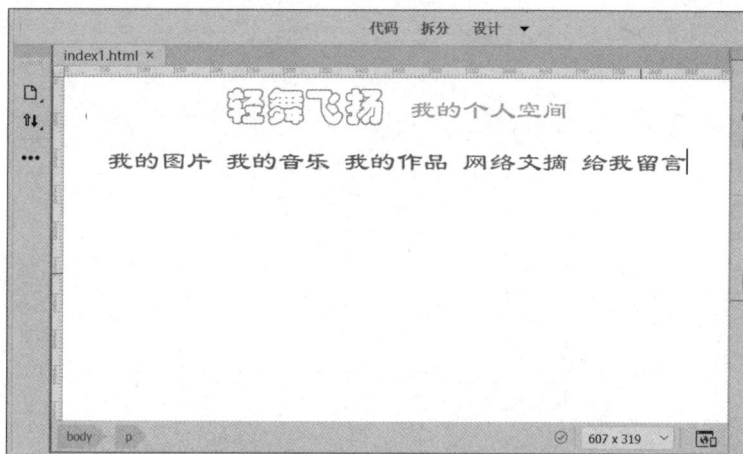

图 11.6    导航条的设置

（6）插入图像

按回车键换行，选择"插入"→"Image"命令，将弹出"选择图像源文件"对话框，从存放图像的文件夹下选择一个图像文件，如本例选择了"E:\MyWeb\Images\bj.jpg"文件，单击"确定"按钮。

（7）插入水平线，输入联系方式

按回车键换行，选择"插入"→"HTML"→"水平线"命令，在文档中插入水平线，并在"属性"面板中设置水平线的属性：宽度为 560 像素，高度为 2。再次按回车键换行，输入文本"联系地址：郑州工程技术学院    邮政编码：450044    电话：0371-××××××××"。选择所有刚刚输入的文字，在"属性"面板中设置字体为隶书，大小为 16 点，单击"居中对齐"按钮，将文本对齐到文档的中心。效果如图 11.7 所示。

图 11.7    网页设置效果

（8）设置背景颜色

网页背景颜色默认为白色，如要修改网页背景颜色，可在"属性"窗口中选择"页面属性"，将弹出"页面属性"对话框，在"分类"列表中选择"外观（CSS）"选项，将"背景颜色"设置为自己喜欢的且与网页整体相协调的颜色，如图 11.8 所示，然后单击"确定"按钮。

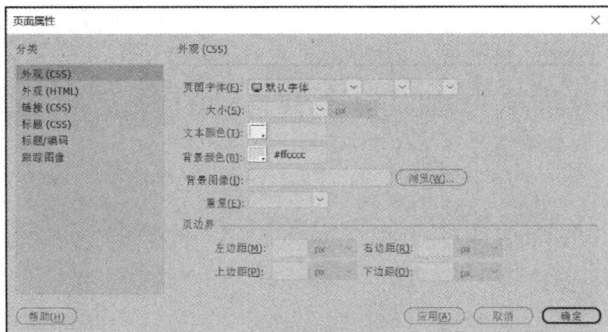

图 11.8　背景颜色的设置

（9）保存文件

前面的操作执行完后，按<Ctrl+S>组合键保存文件。至此，一个简单的个人主页就完成了。

### 五、实验要求

熟悉 Dreamweaver 20 的开发环境，掌握网站创建的一般步骤，熟悉各种网页元素的添加、设置和使用，能够进行图片、文本的添加，并设置相应的属性，能够独立创建一个个人网站。

# 实验二　网页中表格和表单的制作

### 一、实验学时

2 学时。

### 二、实验目的

- 掌握使用表格来排版布局网页的方法。
- 掌握对表格属性和单元格属性的设置方法。
- 掌握页面属性的设置方法。
- 掌握图像和文本的添加方法，并能设置其属性。
- 掌握表单和表单对象的插入方法及其属性的设置方法。
- 掌握超链接的建立方法。
- 熟悉网站的创建和打开过程。

### 三、相关知识

网页中，表格的基本操作有：插入表格、表格属性设置、单元格属性设置、表格的选取、添加/删除行和列、合并/拆分单元格和在表格中插入网页元素。

在页面中添加表单传递数据需要两个步骤，一是制作表单，二是编写处理表单

表格的操作

提交的数据的服务器端应用程序或客户端脚本，通常是 ASP、JSP 等。

网站中最常见的表单应用是注册页面、登录页面等，也就是客户向服务器提交信息的"场合"。以申请论坛会员为例，用户填写好表单，单击某个按钮提交给服务器，服务器记录下用户的资料，并提示给用户操作成功的信息，还会返回给用户账号等信息，这时就成功完成了一次与服务器的交互，用户登录论坛时，要填写正确的账户和密码，提交给服务器，服务器审核正确后，才允许用户登录论坛，有时候还会分配给用户一些会员才有的权限。

## 四、实验范例

### 1. 使用表格制作网络图片欣赏页面

制作"我的图片"页面，效果如图 11.9 所示，并与"轻舞飞扬 我的个人空间"进行链接。

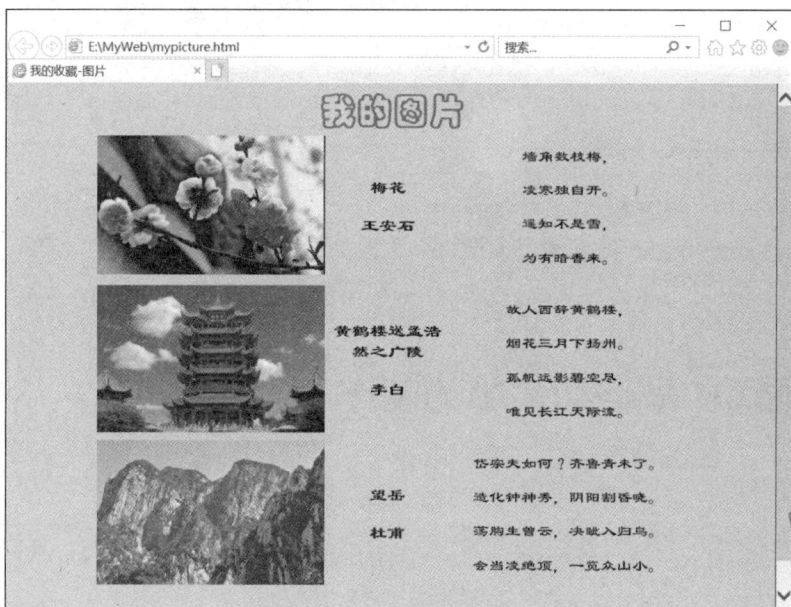

图 11.9 "我的图片"页面

（1）打开站点

启动 Dreamweaver 20，进入 Dreamweaver 20 的主界面，在"文件"浮动面板中选择"我的个人网站"，打开该站点，如图 11.10 所示。

（2）新建文档，修改网页标题并保存

选择"文件"→"新建"菜单项，在弹出的"新建文档"对话框中选择创建一个 HTML 格式的基本页，在右侧"标题"文本框中输入"我的收藏—图片"，然后单击"创建"按钮。接着按<Ctrl+S>组合键，在弹出的"另存为"对话框中，选择保存到本地站点根目录下，并将文件命名为"mypicture.html"，单击"保存"按钮，保存文档。

（3）插入表格

选择"插入"→"Table"菜单项，弹出"Table"对话框。在该对话框中将"行数"设置为6，"列数"设置为3，"表格宽度"设置为600像素，"边框粗细"设置为0，"单元格边距"设置为0，如图 11.11 所示。设置完成后单击"确定"按钮，在"属性"面板的"Align"下拉列表中选择"居中对齐",将表格对齐到文档的中心。

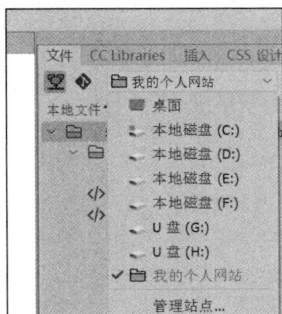

图 11.10 "管理站点"对话框

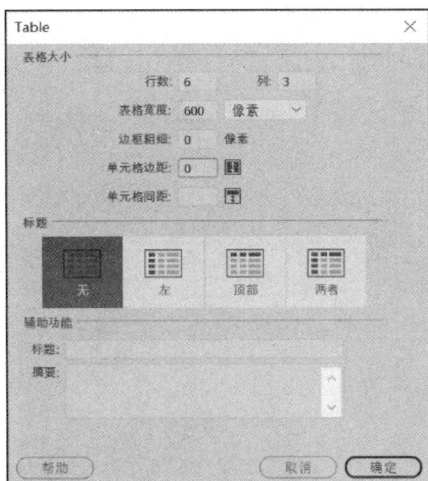

图 11.11 插入表格

（4）合并单元格

选择表格的第一行，选择"编辑"→"表格"→"合并单元格"命令，将第一行的三个单元格合并为一个单元格，如图 11.12 所示。

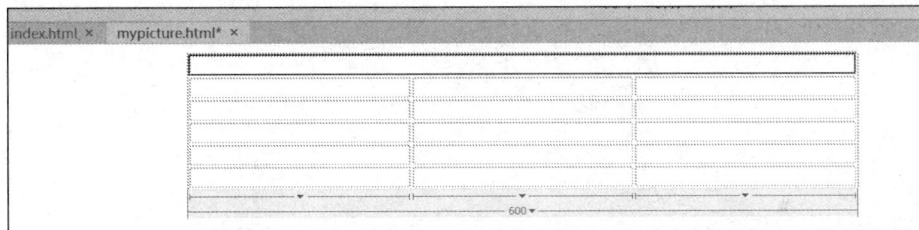

图 11.12 合并单元格

（5）文本录入

将光标置于合并后的单元格中，输入文字"我的图片"，并在"属性"面板中选择"CSS"设置文本的属性：字体为华文彩云，加粗，大小为 36 像素，颜色为#CC3366，对齐方式为居中。

（6）插入图片并录入文本

将光标置于第 2 行第 1 列中，选择"插入"→"Image"命令，弹出"选择图像源文件"对话框，从该文件夹下选择一个图像插入进来，并调整图片的大小。

将光标置于第 2 行第 2 列中，输入与图片配套的诗词题目与作者名，在"属性"面板中设置文本的属性：字体为隶书，加粗，大小为 18 像素，颜色为黑色，对齐方式为居中。在第 2 行第 3 列中，输入诗词的内容，并在"属性"面板中设置文本的属性：字体为隶书，大小为 16 像素，颜色为黑色，对齐方式为居中。

用同样的方式，向其余各行中插入图片，录入文本，并设置文本的格式，如图 11.13 所示。

（7）设置表格的背景与页面的背景

选中所有单元格设置其背景色，在"属性"面板中，设置背景颜色为#CCCCFF。

在页面任意空白处单击，在下方的"属性"面板中选择"页面属性"按钮，单击进入"页面属性"对话框，设置背景颜色与表格单元格的背景颜色一样，均为# CCCCFF，如图 11.14 所示。

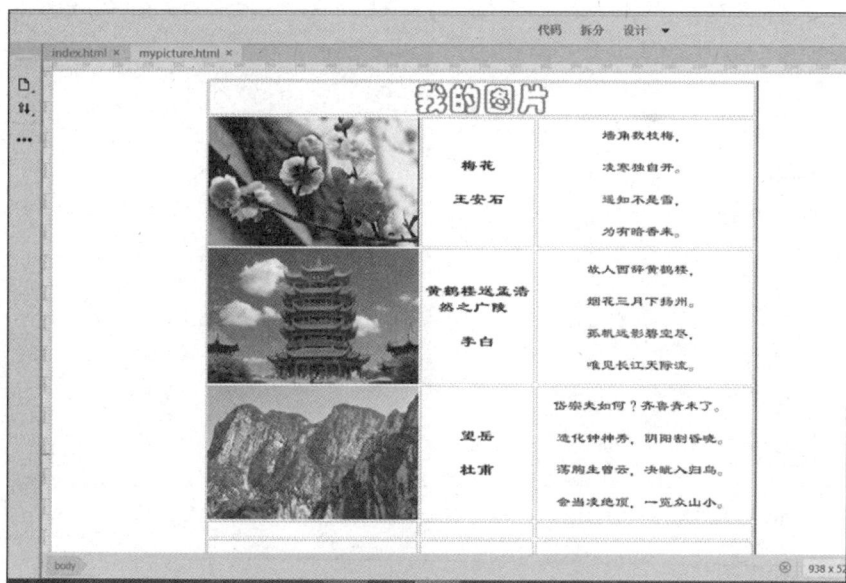

图 11.13　表中图和文字的设置

图 11.14　页面背景颜色的设置

（8）保存并浏览文件

按<Ctrl+S>组合键保存文件。按<F12>键，在浏览器中浏览文件，效果如图 11.9 所示。

（9）创建超链接并加以保存

打开网页文件"index.html"，在文档窗口中选择导航栏中的文本"我的图片"，在"属性"面板中单击"链接"文本框右侧的"浏览"按钮，在打开的"选择文件"对话框中选择链接的目标文件"mypicture.html"后单击"确定"按钮。继续在"属性"面板的"目标"下拉列表中选择链接的打开方式为"_blank"，按<Ctrl+S>组合键保存。在浏览器中浏览该页面，可以看到已经为"我的图片"创建了超链接，单击该链接文字即可打开图片页面。

可以按照上面介绍的方法继续创建"我的音乐""我的作品""网络文摘"和"给我留言"页面，并与"轻舞飞扬 我的个人空间"进行链接。

### 2. 使用表单制作会员注册页面

在登录网站的时候，常常需要用户注册个人信息，这种页面的制作需要用到表单。这里将用表单制作一个图 11.15 所示的简单的会员注册页面。

（1）创建本地站点

和实验一中创建本地站点的操作方法相同，先在本地计算机的硬盘上创建一个文件夹，如"E:\Member_registration"，用来存放站点中的所有文件，并在该文件夹下创建一个子文件夹 Images，用来存放站点中的图像。打开 Dreamweaver 20，新建站点并命名为"会员注册"，将本地根文件夹和默认图像文件夹设置为之前创建的文件夹。

图 11.15　一个简单的会员注册界面

（2）新建文档并修改网页标题

新建一个 HTML 文档，在"标题"文本框中输入"填写注册信息_注册"。

（3）设置页面属性

单击"属性"面板中的"页面属性"项，弹出"页面属性"对话框，在"分类"列表中选择"外观（CSS）"选项，在右侧将"大小"设置为 12 像素，"文本颜色"设置为#003399，"背景颜色"设置为＃EBF2FA，"上边距"和"下边距"均设置为 0 像素，如图 11.16 所示。

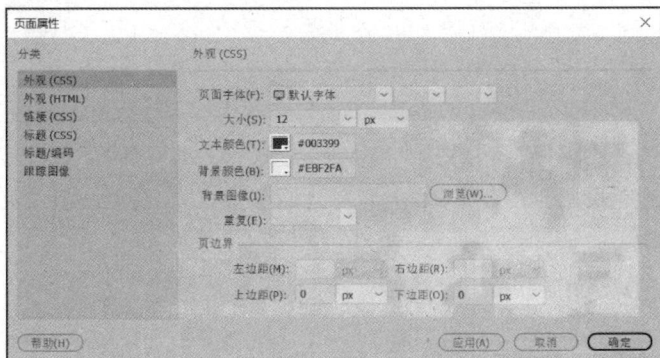

图 11.16　"页面属性"对话框

（4）保存文档

按<Ctrl+S>组合键，将文档保存到本地站点根目录下，并命名为"zhuce.html"。

（5）插入表格

将光标置于文档窗口中，选择"插入"→"Table"命令，将弹出"表格"对话框。设置行数为1，列数为1，表格宽度为720像素，边框粗细为0，单元格边距为0，单元格间距为0，然后单击"确定"按钮。在"属性"面板中将表格对齐到文档中心。

（6）插入图片

将光标置于表格中，选择"插入"→"Image"命令，将弹出"选择图像源文件"对话框，找到图片所在的文件夹，选择一张图片插入进来，并调整图片的大小。

（7）插入表单

将光标置于表格的右边，选择"插入"→"表单"→"表单"命令，即可在文档中插入显示为红色虚线框的表单，如图11.17所示。

图 11.17　表单的插入

（8）在表单中插入表格

将光标置于表单中，选择"插入"→"Table"命令，将弹出"表格"对话框。设置表格行数为10，表格列数为3，表格宽度为480像素，边框粗细为0，单元格边距为0，单元格间距为5，然后单击"确定"按钮。在"属性"面板中将表格对齐到文档中心，如图11.18所示。

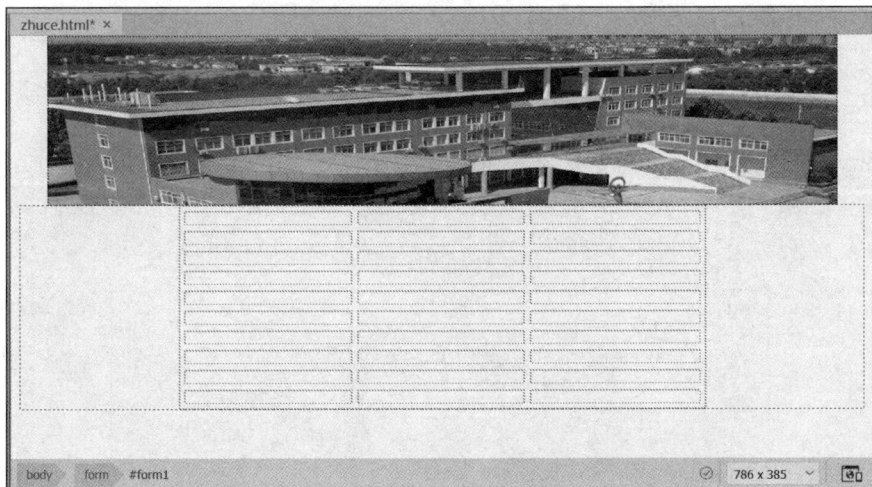

图 11.18　在表单中插入表格

（9）输入文本

将光标置于表格2的第1行第1列中，输入文本"用户名"，并调整好单元格的宽度，文本设置为右对齐。同样在第1列下边的7行中分别输入相应文本，如图11.19所示，并将第一列的文本对齐到单元格的右侧。

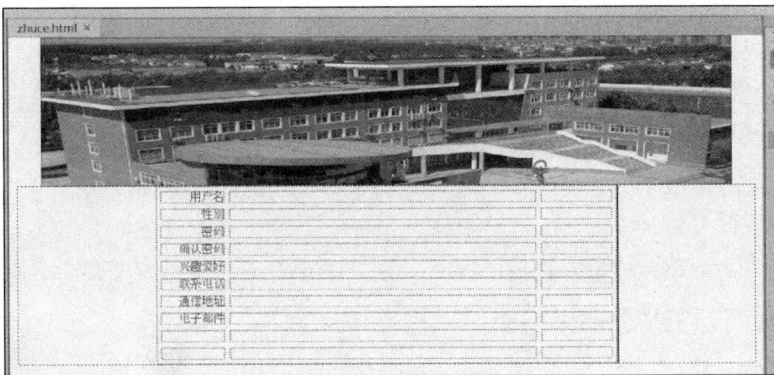

图 11.19　表单中表格第 1 列的设置

（10）插入单行文本域，设置文本域的属性

调整表格第 2、3 列的宽度后，将光标置于第 1 行第 3 列中，选择"插入"→"表单"→"文本"命令，在表单中插入一个单行文本域。在"属性"面板中将 Size 设置为 20，Max Length 设置为 12，如图 11.20 所示。

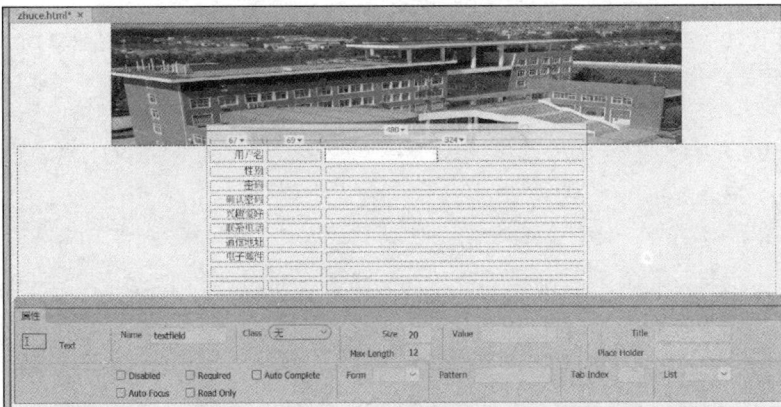

图 11.20　文本域的设置

（11）插入单选按钮，并添加图像和文本

将光标置于第 2 行第 3 列中，选择"插入"→"表单"→"单选按钮"命令，在表单中插入一个单选按钮。在"属性"面板中将"初始状态"设置为"已勾选"。

将光标置于单选按钮后，选择"插入"→"Image"命令，插入一个小图标，接着输入一个空格，在空格后边输入"男"，如图 11.21 所示。

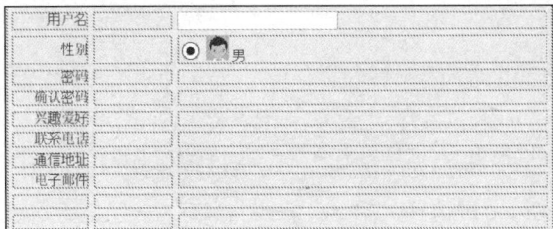

图 11.21　单选按钮的插入及设置

重复上述操作，插入另一个单选按钮，在"属性"面板中将"初始状态"设置为"未选中"，并添加图像和文本，设置文本为"女"。

（12）插入密码域

将光标置于第 3 行第 3 列中，选择"插入"→"表单"→"密码"命令，在表单中插入一个单行文本域。在"属性"面板中将 Size 设置为 20，Max Length 设置为 18。第 4 行第 3 列做相同的操作，如图 11.22 所示。

（13）插入复选框

将光标置于第 5 行第 3 列中，选择"插入"→"表单"→"复选框"命令，在表单中插入一个复选框。将光标置于复选框后，输入文本"旅游"。

在文本"旅游"后，重复上述步骤，插入 4 个复选框，并输入相应文本，如图 11.23 所示。

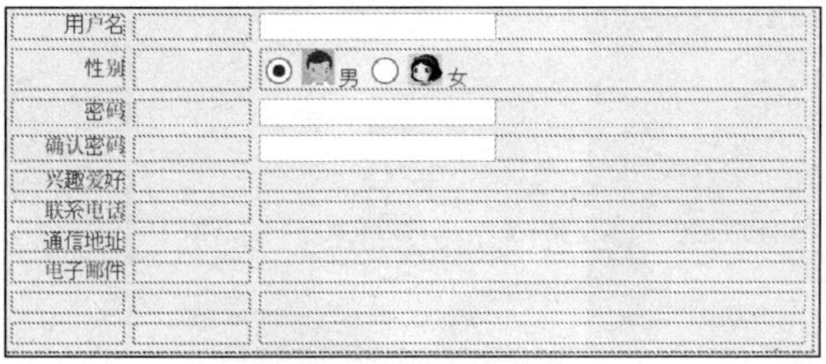

图 11.22　密码域的设置

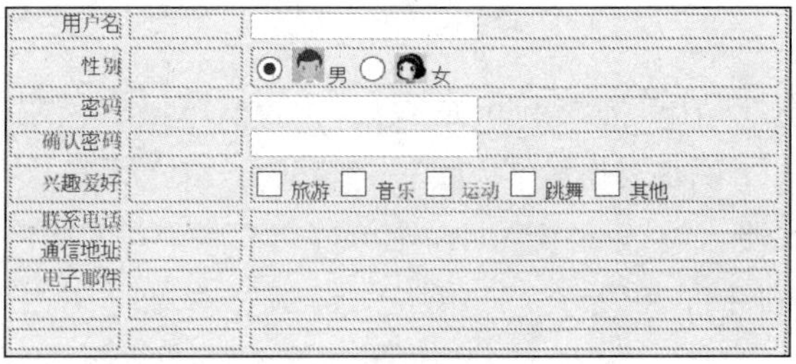

图 11.23　复选框的插入

（14）插入单行文本域和密码域

重复步骤（10）的操作，分别在第 6、7 行第 3 列中各插入一个单行文本框，在"属性"面板中将 Size 设置为 20，Max Length 设置为 20。

将光标置于第 8 行第 3 列中，选择"插入"→"表单"→"电子邮件"命令，在表单中插入一个电子邮件。在"属性"面板中将 Size 设置为 20，Max Length 设置为 20，并在"Value"文本框中输入符号"@"，如图 11.24 所示。

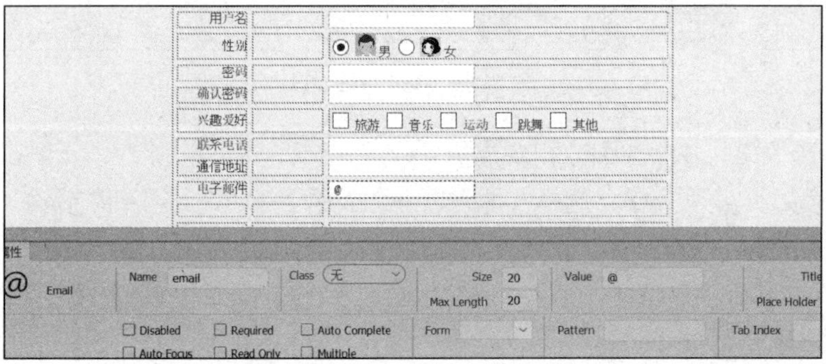

图 11.24　插入电子邮件地址文本域

（15）插入"注册"按钮和"清除"按钮

将光标置于第 10 行第 3 列中，选择"插入"→"表单"→"按钮"命令，在表单中插入一个按钮。在"属性"面板中将"值"设置为"注册"，其余设置保持默认值不变。

将光标置于"注册"按钮后，选择"插入"→"表单"→"重置按钮"命令，在表单中插入一个"重置"按钮。设置"属性"面板中的"值"为"清除"，如图 11.25 所示。

至此，一个简单的会员注册页面就完成了。

图 11.25　按钮的设置

## 五、实验要求

熟练掌握表格的添加和设置方法，掌握表单及表单元素的添加和设置方法，能够独立运用表格和表单的相关技术来排版布局网页，并创建一个新会员注册网页，且链接到实验一的个人网站中。

# 本章拓展训练

综合运用 Dreamweaver 的功能，创建简单网页，添加相应的页面元素，学习使用表格和表单。

拓展训练

# 12

# 第12章 常用工具软件

主教材第 12 章主要讲述了格式工厂、Adobe Acrobat DC 等常用软件的详细使用方法。通过本章的学习，可为读者使用常用工具软件提供帮助。

## 实验一 视频编辑专家

### 一、实验学时

2 学时。

### 二、实验目的

- 了解视频编辑软件的基本功能。
- 能够熟练使用"视频编辑专家"软件的各种功能编辑视频。

### 三、相关知识

个人视频的新时代已经来临了，在这个时代里，任何人都可以坐在家用计算机前制作出优秀影片。

视频编辑专家是一款功能强大的视频编辑软件，它具备视频合并、视频分割、视频截取、视频编辑与转化、配音配乐、字幕制作等多种功能。

视频编辑专家这一软件不仅是对素材的简单合成，还包括了对原有素材进行的再加工，如制作图片间的转场特效、同步 MTV 字幕、制作字幕特效、截取简单的视频等。

视频编辑专家其实是对图片、视频、音频等素材进行重组编码工作的多媒体软件。重组编码是将图片、视频、音频等素材进行非线性编辑后，根据视频编码规范进行重新编码，并转换成新的格式，如 VCD、DVD 格式，这样图片、视频、音频就无法被重新提取出来，因为它们已经转化为新的视频格式，已发生质的变化。

### 四、实验范例

本实验将练习使用视频编辑专家进行视频编辑，熟练掌握视频分割与合并、视频转换、视频切割等功能。

1. 视频编辑专家的安装

（1）打开浏览器，进入视频编辑专家软件官网，如图 12.1 所示。

（2）进入产品页面，可以看到其中有视频编辑专家软件，单击"详情"按钮，进入产品下载页面，如图 12.2 所示。

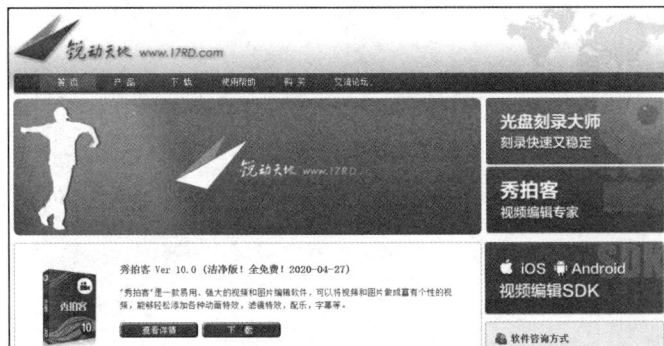

图 12.1　官网首页

图 12.2　产品下载页面

（3）在产品下载页面单击"本地下载"按钮，下载软件到本地计算机，如图 12.3 所示。

（4）双击下载后的软件，接着单击"运行"按钮，将打开图 12.4 所示的安装向导，然后单击"下一步"按钮，并按照提示步骤进行操作。

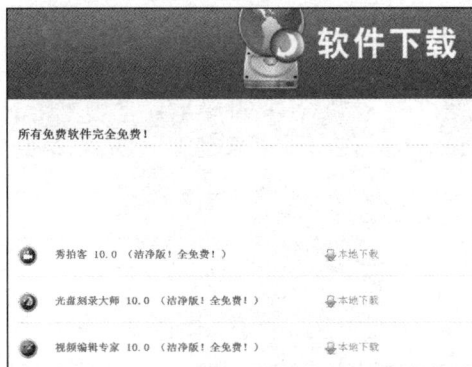

图 12.3　下载软件到本地计算机

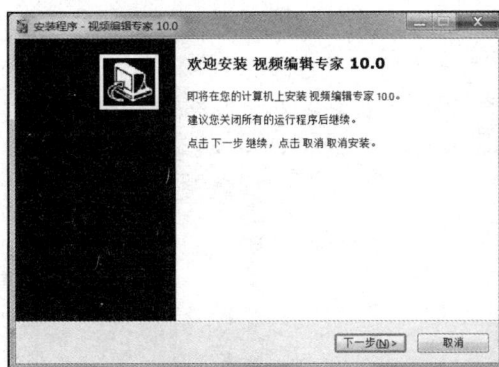

图 12.4　视频编辑专家的安装界面

（5）按照提示步骤一步步完成软件的安装。然后打开视频编辑专家，其主界面如图 12.5 所示。

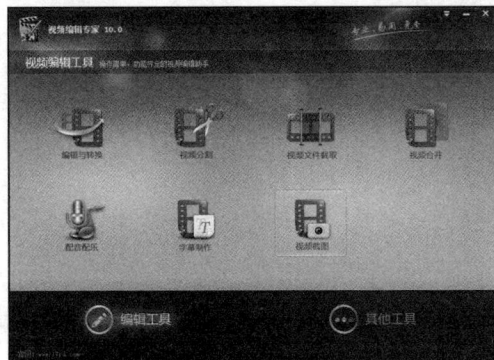

图 12.5　视频编辑专家主界面

2. 视频的编辑与转换

（1）先在主界面单击"编辑与转换"选项，再单击"添加文件"按钮，选择需要转换的视频格式并添加需要转换的文件，如 AVI 格式，然后单击"确定"按钮，如图 12.6 和图 12.7 所示。

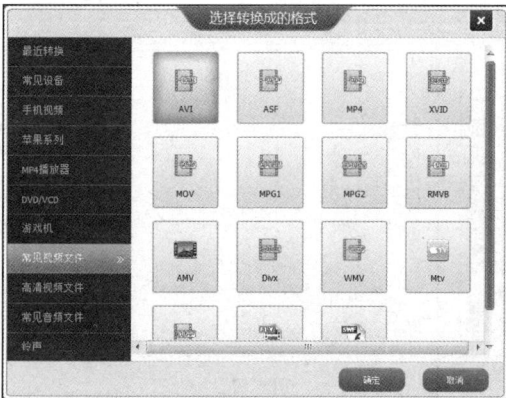

图 12.6 选择需要转换的视频格式

图 12.7 添加需要转换的视频

（2）添加文件后，单击"编辑"按钮，即可对视频进行编辑，如设置裁剪、效果、水印、字幕和旋转，设置完成后单击"确定"按钮，如图 12.8 所示。

（3）添加文件后，也可单击"截取"按钮对视频进行截取，设置完成后单击"确定"按钮，如图 12.9 所示。

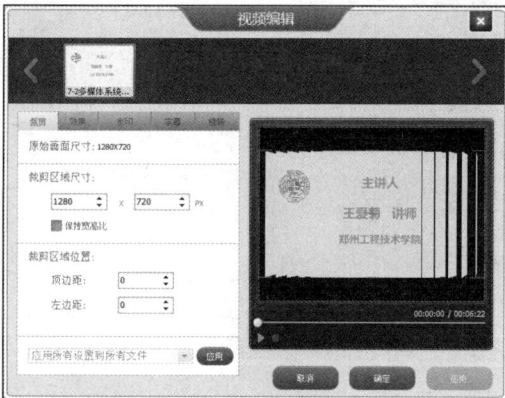

图 12.8 编辑视频

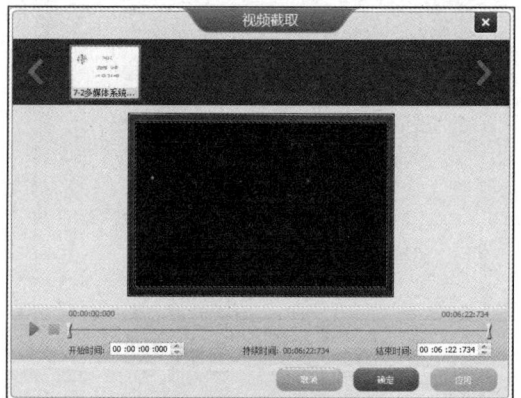

图 12.9 截取视频

（4）进行上述操作后，继续单击"下一步"按钮，跳转到"输出设置"页面，如图 12.10 所示。此时可以设置输出目录，也可以更改目标格式，还可以选中"显示详细设置"复选框以便对视频进行更为详细地设置。

（5）继续单击"下一步"按钮，等待进度条完成，转换成功后单击"确定"按钮，即可完成整个视频格式的转换。然后打开输出文件夹，查看转换后的效果，如图 12.11 所示。

3. 视频的分割、合并与截取

（1）有时候为了方便存储或者转发，或是只需要保留一段较长的视频中的某一小段，我们要将视频截取或者分割开来；在某些情况下，又需要把多段视频合并在一起。

图 12.10  视频输出设置

图 12.11  视频格式转换进度

① 在"视频编辑工具"列表中选择"视频分割"选项，如图 12.12 所示。在弹出的"视频分割"对话框中单击"添加文件"按钮，然后在弹出的对话框中选择视频文件，并单击"打开"按钮，之后单击"下一步"按钮，如图 12.13 所示。

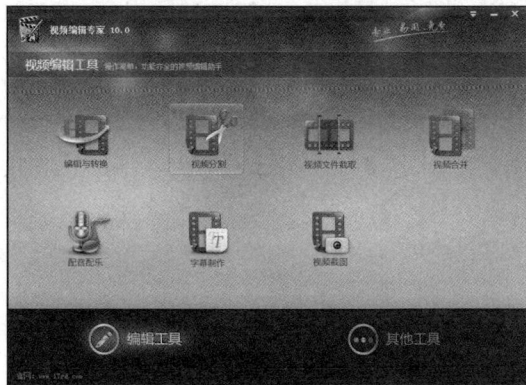

图 12.12  选择视频分割选项

图 12.13  添加要分割的视频文件

② 此时系统将自动弹出"浏览计算机"对话框，选择输出视频目录并单击"确定"按钮，然后选中"平均分割"选项，将分割值设置为"2"，随后单击"下一步"按钮，如图 12.14 所示。此时系统将自动分割视频，用户耐心等待分割进度完成即可。分割完成后单击"确定"按钮，如图 12.15 所示，然后打开输出文件夹查看分割的效果。

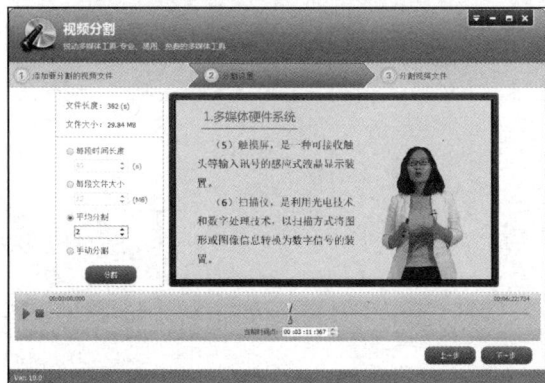

图 12.14  设置分割参数

图 12.15  视频分割进度

（2）视频合并是视频分割的反向操作，它可将几个视频合并在一起以便于观看。

① 在图 12.12 所示列表中选择"视频合并"选项，然后单击"添加文件"按钮，在弹出的对话框中选择需要合并的视频文件。用户可在按住<Ctrl>键的同时选择多个文件，单击"打开"按钮，同时单击"下一步"按钮。

② 在弹出视频合并列表后，单击"输出目录"选项对应的文件夹按钮，在弹出的对话框中选择保存位置，并单击"保存"按钮，输入要合并的文件名字，同时单击"下一步"按钮，此时系统将自动合并视频，并显示合并进度和详细信息，用户耐心等待其完成即可。

（3）视频截取是截取视频中的某一段并加以保留，同时截掉视频中不需要的部分。

① 在图 12.12 所示列表中选择"视频文件截取"选项，然后添加要截取的视频文件，设置输出目录，单击"下一步"按钮转到下一个动作，如图 12.16 所示。

② 调整进度条设置要截取视频段落的开始时间与结束时间，然后单击"下一步"按钮，如图 12.17 所示。

图 12.16　添加视频文件　　　　图 12.17　设置截取时间

③ 等待进度条完成，即可成功截取视频。

## 五、实验要求

能够独立使用视频编辑专家中的各种功能对视频进行编辑，如视频分割、视频截取、添加字幕、添加配乐等。

# 实验二　格式工厂的使用

## 一、实验学时

1 学时。

## 二、实验目的

- 能够使用格式工厂进行视频转换。
- 能够使用格式工厂进行音频转换。

- 能够使用格式工厂进行图片转换。
- 能够使用格式工厂进行视频及音频的合并。

## 三、相关知识

　　格式工厂（Format Factory）是一款多功能的多媒体格式转换软件，适用于 Windows 系统。它可以实现大多数视频、音频以及图像在不同格式之间的相互转换。此外，格式工厂还对手机这类移动设备做了功能补充，只需输入设备的机型，便可直接将文件格式转化成移动设备支持的格式，省时省力，方便快捷。

## 四、实验范例

### 1. 音频转换

　　（1）首先打开软件，单击"音频"按钮，再根据需要选择转换后的格式，如需要转换成 WMA 格式，可在选择 WMA 文件后，单击"添加文件"按钮，选择需要转换的文件，如图 12.18 所示。在此也可以改变输出文件所在的默认位置（默认位置是 F:\FFOutput）。

图 12.18　格式工厂音频转换设置界面

　　（2）单击"剪辑"按钮截取音频时间段，可以根据音频进度单击"开始时间"按钮设置音频起点，单击"结束时间"按钮设置音频终点，也可以自己手动设置起点、终点，最后单击"确定"按钮保存退出，如图 12.19 所示。

　　（3）添加音乐文件后，再单击"输出配置"按钮，设置音频的质量和码率，一般默认设置即可，如图 12.20 所示。

　　（4）回到软件主界面，再单击"开始"按钮开始转换，转换完成后，可打开文件夹看效果，如图 12.21 所示。

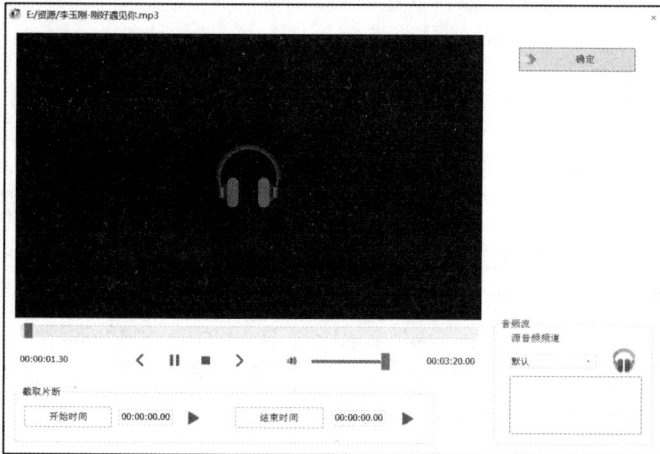

图 12.19　格式工厂音频剪辑界面

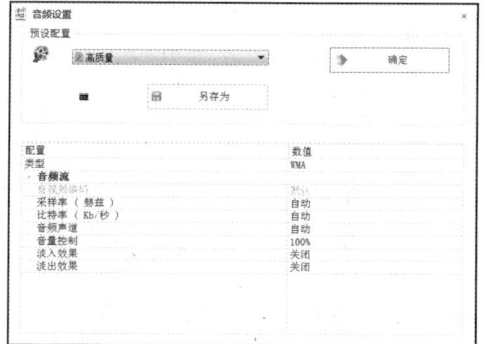

图 12.20　格式工厂音频设置界面

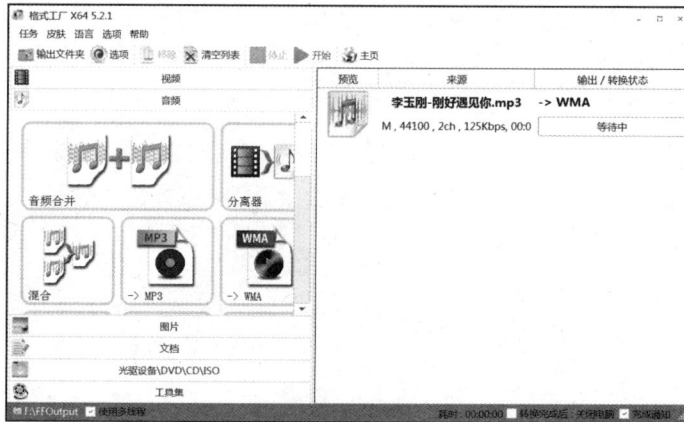

图 12.21　格式工厂音频转换界面

## 2. 合并视频

（1）选择视频左上角的"视频合并"，然后单击"添加文件"按钮，选择需要合并的视频文件，如图 12.22 所示。

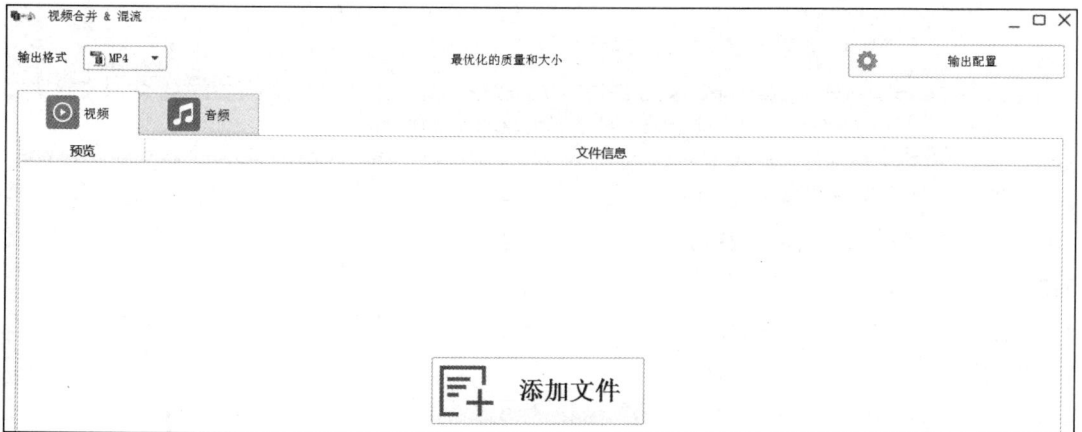

图 12.22　格式工厂视频合并设置界面

（2）添加文件后，选择相应的视频，如图 12.23 所示。

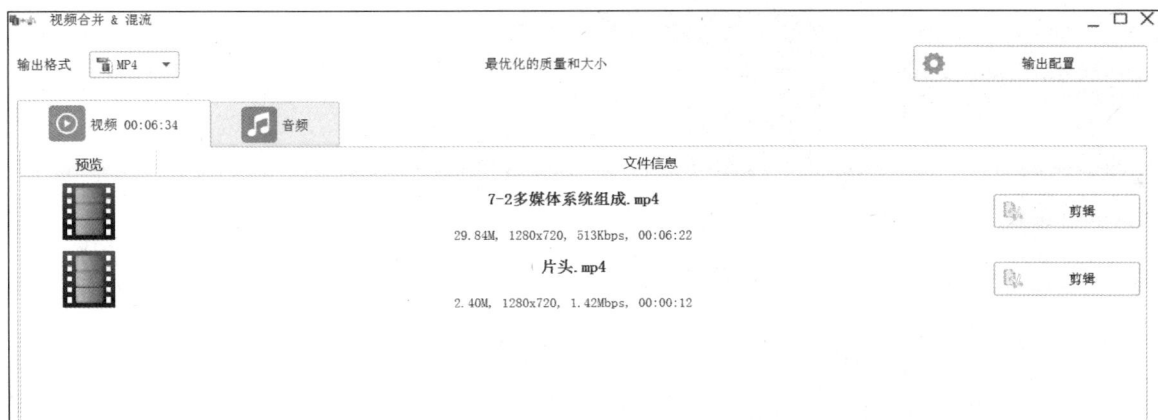

图 12.23　格式工厂视频合并添加文件界面

（3）选择文件后，单击"剪辑"按钮，在剪辑界面中截取视频进度，或手动设置，如图 12.24 所示。完成剪辑后，单击"确定"按钮。

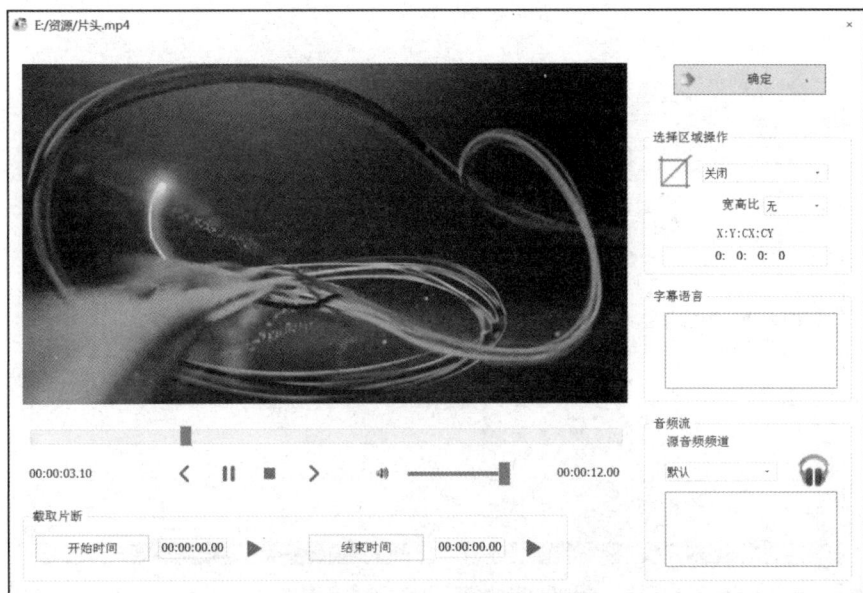

图 12.24　格式工厂剪辑界面

（4）截取视频后，选择"最优化的质量和大小"选项，再设置码率和帧数，如图 12.25 所示，设置完后单击"确定"按钮退出此窗口。

（5）设置好所有的设置后，回到软件界面再单击"开始"按钮进行视频合并。合并结束后可以打开文件夹看效果，如图 12.26 所示。

## 五、实验要求

格式工厂软件还具有画面裁剪、快速剪辑、去除和添加水印、移动设备、屏幕录像等功能，要熟练使用这些功能并掌握格式工厂软件对多媒体文件的处理方法。

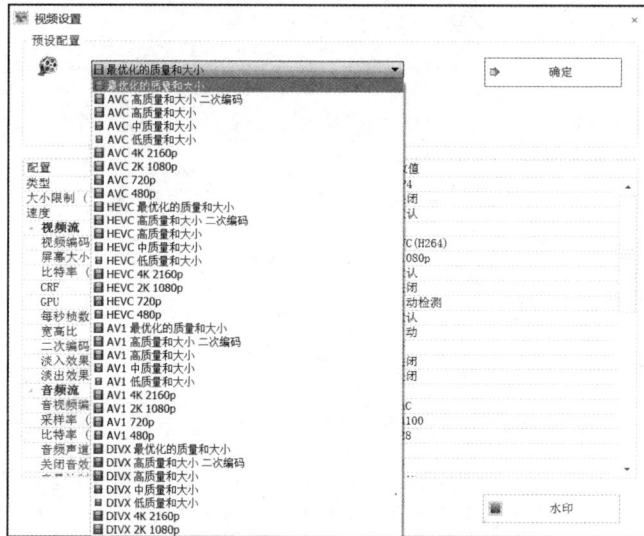

图 12.25　格式工厂最优化的质量和大小选项

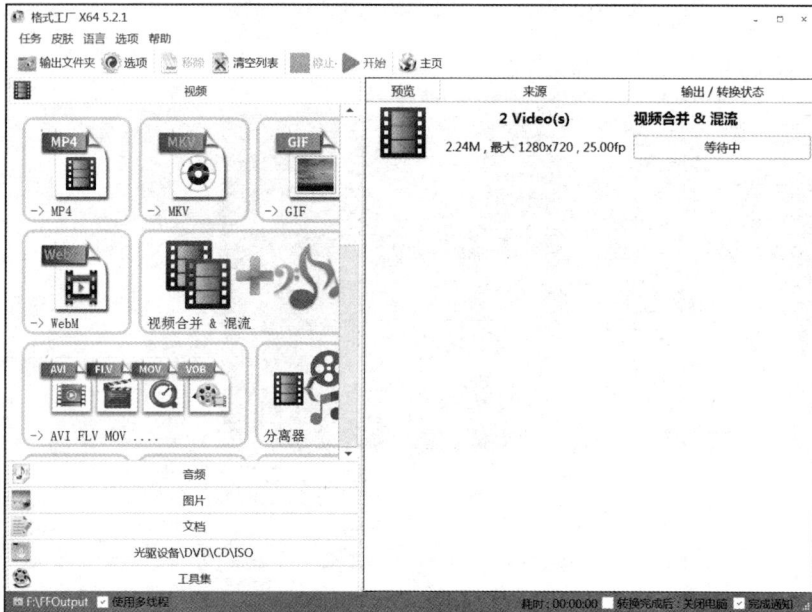

图 12.26　格式工厂视频合并界面

# 实验三　Adobe Acrobat DC

## 一、实验学时

1 学时。

## 二、实验目的

- 能够使用 Adobe Acrobat DC 创建 PDF 文档。

- 能够使用 Adobe Acrobat DC 编辑 PDF 文档。
- 能够使用 Adobe Acrobat DC 把 PDF 文档转换成其他格式。
- 能够使用 Adobe Acrobat DC 将文档扫描成 PDF 文档。

## 三、相关知识

　　Adobe Acrobat DC 是常见的 PDF 文档制作与编辑软件。它拥有多个实用功能，包括创建 PDF 文档、编辑 PDF 文档、导出 PDF 文档、注释、组织页面、增强扫描、保护、准备表单、合并文件、优化 PDF 文档、标记密文、图章、比较文档、发送以供注释、动作向导、创建自定义工具、印刷制作、PDF 标准、证书、辅助工具、富媒体、索引、测量等，是一款优秀的 PDF 文档编辑软件。

　　Acrobat DC 可将纸质图片、文字迅速转化成 PDF 文档格式。如通过手机拍照的图片即可将纸质文字转化成 PDF 文档，用户可以直接对文档进行修改。另外，Acrobat DC 通过移动端或 PC 端，可以让 Excel、Word 和 PDF 之间的相互转化更为便利，从而解决文件处理过程中产生的浪费和低效率问题。

## 四、实验范例

### 1. 将普通文件转换为 PDF 文件

　　（1）在 Adobe Acrobat DC 的"文件"菜单中，选择"创建"→"从文件创建 PDF"命令，如图 12.27 所示。

图 12.27　从文件创建 PDF

　　（2）在"打开"对话框中，选择需要转换的文件。这里可以浏览所有文件类型，也可以在"文件类型"下拉菜单中选择某个特定类型。

　　（3）如果要将图像文件转换为 PDF 文件，也可以单击"设置"按钮以更改转换选项，可用选项的差别取决于文件类型。

**注意**：如果选择所有文件作为文件类型，或者没有设置可用于选定的文件类型，则"设置"按钮不可用（例如，对于 Word 和 Excel 文件，"设置"按钮不可用）。

（4）单击打开以将文件转换为 PDF 文件。

Acrobat DC 根据所转换的文件类型，会自动打开创作应用程序，或显示进度对话框。如果文件是 Acrobat DC 不支持的文件格式，软件会提示该文件无法被转化为 PDF 文件。

（5）当新 PDF 文件打开后，选择"保存"或"另存为"命令，可为 PDF 文件选择名称和位置。

**注意**：当命名要进行电子分发的 PDF 文件时，要限制文件名长度为 8 个字符（没有空格）并包含".pdf"扩展名。此操作可确保电子邮件程序或网络服务器不会截断文件名，PDF 文件能按预期打开。

**2. 从多个文件创建多个 PDF 文件**

Acrobat DC 可以在一次操作中，从多个本机文件（包括不同支持格式的文件）创建多个 PDF 文件。此方法在需要将大量文件转换为 PDF 文件时很有用。

**注意**：使用此方法时，Acrobat DC 会应用最近使用的转换设置，而不让用户访问这些设置。如果要调整转换设置，在使用此方法之前进行调整。

（1）选择"文件"→"创建"→"创建多个 PDF 文件"命令。

（2）选择"文件"→"添加文件"或"添加文件夹"命令，然后选择相应的文件或文件夹，如图 12.28 所示。

在该对话框中单击"添加文件"按钮，然后选择要转换为 PDF 的文件。

（3）单击"确定"按钮。将显示"输出选项"对话框。

（4）在"输出选项"对话框中，指定目标文件夹和文件名首选项，然后单击"确定"按钮。

**3. 将 PDF 文件拆分为多个文件**

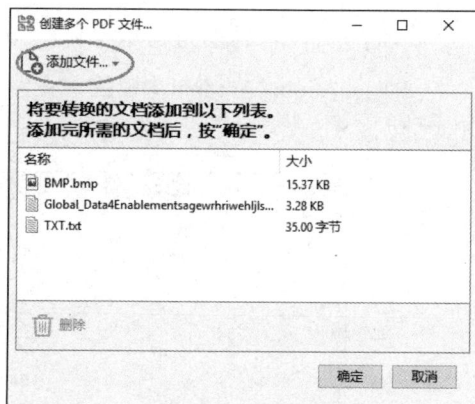

图 12.28 "创建多个 PDF 文件"对话框

Acrobat DC 可以将一个或多个 PDF 文件拆分为多个更小的 PDF 文件。拆分 PDF 时，可以指定根据最大页数、最大文件大小或顶层书签进行拆分。

（1）在 Acrobat DC 中打开 PDF 文件，然后选择"工具"→"组织页面"命令，或从右侧窗格中选择"组织页面"。"组织页面"工具集将显示在辅助工具栏中。

（2）在辅助工具栏中，单击"拆分"按钮。辅助工具栏的下方会出现一个新的工具栏，其中包括特定于"拆分"操作的命令，如图 12.29 所示。

图 12.29 拆分页面的辅助工具栏

在辅助工具栏中选择"拆分"以查看文档拆分选项。

（3）在"拆分选项"下拉列表中，选择拆分文档的条件。

页面数量：指定拆分时各个文档的最大页数。

文件大小：指定拆分时各个文档的最大文件大小。

顶层书签：如果文档包含书签，则为每个顶层书签创建一个文档。

（4）要指定拆分文件的目标文件夹和文件名首选项，可单击"输出选项"按钮，然后根据需要指定选项，并单击"确定"按钮。

（5）要将同一拆分方式应用到多个文档，可单击"拆分多个文件"按钮。在"拆分文档"对话框中，单击"添加文件"按钮，然后选择要添加的文件、文件夹或要打开的文件。选择文件或文件夹后单击"确定"按钮。

**4. 将 PDF 文件中的图像导出为其他格式**

除了可以使用"文件"→"导出到"→"图像"→"图像类型"命令将每个页面（页面上的所有文本、图像和矢量对象）保存为图像格式外，还可以将 PDF 文件中的每个图像都导出为单独的图像文件。

**注意**：可以导出光栅图像，但不是矢量对象。

（1）选择"工具"→"导出 PDF"命令，会显示可将 PDF 文件导出的各种格式。

（2）选择"图像"命令，然后选择要用于保存图像的图像文件格式，如图 12.30 所示。

图 12.30　导出到图像选项（选择希望保存导出图像的格式）

（3）要配置选定文件格式的转换设置，可单击齿轮图标。

（4）在"导出所有图像为[选定文件格式]设置"对话框中，指定"文件设置""颜色管理""转换"和文件类型的"提取"设置。

（5）在"提取"设置中，为"不包括图像小于"选择要提取的最小图像大小。选择"无限制"可提取所有图像。

（6）单击"确定"按钮可返回到"将 PDF 导出为任意格式"屏幕。

（7）选择"导出所有图像"选项以便只提取并保存 PDF 文件中的图像。

**注意**：如果不选择"导出所有图像"选项，将使用选定的图像文件格式保存 PDF 文件中的所有页面。

（8）单击"导出"按钮，将显示"导出"对话框，选择要保存文件的位置。

（9）单击"保存"按钮可以仅将 PDF 文件中的图像保存为选定的文件格式。

## 五、实验要求

Adobe Acrobat DC 具有把文档扫描成 PDF 文件、编辑 PDF 文件中的图像或对象、将网页转换为 PDF 文件、使用 PDFMaker 创建 PDF 文件、从文本或图像中创建 PDF 文件、签名并分发签名、合并保护 PDF 文件等各种功能，要熟练使用这些功能并掌握对 PDF 文件的处理方法。

# 本章拓展训练

综合应用 Adobe Acrobat DC 的功能，并对 PDF 文档进行合并和优化处理。

拓展训练